U0163055

春夏秋冬福满园

二十四节气里的农时风俗

谈正衡 著

北京联合出版公司
Beijing United Publishing Co.,Ltd.

有 态 度 的 阅 读

小马过河（天津）文化传播有限公司

目 录

春雨惊春
———————— 清谷天 ————————

夏满芒夏

——— 暑相连 ———

秋处露秋
—— 寒霜降 ——

冬雪雪冬
———— 小大寒 ————

春夏秋冬

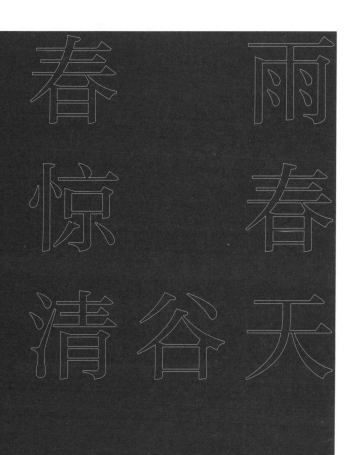

雨春天

春惊谷

春惊清谷

立春

春日春风动
春江春水流

○
●

　　二十四节气在阳历上时间基本是固定不变的。每年2月4日前后，太阳到达黄经315°，交立春节气。

　　晚上天擦黑后仰望星空，静休一冬的北斗七星，斗柄正指向东北45°，古人称为艮的方向。新春的气息，就要散播过来。

　　立春，又叫正月节，新岁的起点，二十四节气的开局手笔。"立"表示开始，四个季节打头的，分别是立春、立夏、立秋、立冬，它们更像是部门领导，所对应和处理的农事，便是春种、夏长、秋收、冬藏。

　　种田就是跟着太阳转来转去，先民们以敏锐的感觉建立起与自然的联系，自从发现了太阳年位置变化与农事之间的密切关系后，便像切糕饼一样，把太阳运行的黄经（黄经360°）分成二十四等分点，以春分为0点起始，太阳每运行15°称一节气，每月有两个节气……寒来暑往，从不走样。每个节气都有自己的个性称谓，内含物候、时令和农作物生长规律以及田园景致等条纹密码。它们隐藏着远古记忆与智慧，又鲜活接地气，既是节点期望，又可标记为生日符号，经常被一些父母挪作子女小名昵称，或干脆挂上姓氏用为大名。

多学一点天文入门指南就知道，阳历是跟着太阳来的，以地球绕太阳转上一圈为一个回归年（365.24天）。而阴历是随月亮走的，从这个月满到下一个月满（29.53天），走完十二个朔望月为一年（354天），却比太阳历少了十一天。为了调节这种长短不一的错位，早在春秋战国时就采用"十九年七闰月"的方法，即在十九年中安插七个闰月，拉起阴历跟上阳历的步调，这便打下了阴阳合历性质的农历历法的底子。

闰年里有十三个朔望月（383天或384天），补缺补过了头，仍比阳历年多出将近二十天。因此，凡闰年都有二十五个节气，多圈进了下一年打头的立春，谓之"双春"年，而平年大多只有二十三个节气，为"无春"年。十九年一轮回，"双春""无春"前后相续，前一年多占，后一年便亏空。在每个周期中，"双春"和"无春"各有七年，而"单春"仅有五年。

一个有经验的老农，只要抬头望一望月亮盈亏，便能把日常农事应付下来，这便是阴历月相的依据。但是对于农事而言，真正靠谱的是太阳而非月亮。农历二十四节气是精确的时间分割，岁首不在正月初一，而在立春日。

民间称立春为"打春"，一个"打"字，是很有动作力度的心情体现。从冬至日开始数九，数过了小寒和大寒，数过"五九"四十五天，就迎来了春天揭幕的日子。一年由此启程，大地上的故事开始讲述。

这一天，帝王要亲率文武百官到郊外举办迎春大典，并指令相关官员深入各地，鼓舞百姓做好春耕动员工作。古人喜欢将农事涂抹上欢乐色彩，立春之晨，将一堆泥土做成牛的样子，就是一个泥偶，然后用彩色的杖和鞭子来抽打，即为"打春牛"。也有用纸或草扎成牛，在肚里装入花生、核桃之类的干果，挥鞭打"牛"，干果散落，众人哄抢，多获者意味着地里收成多多！

立春当日，男人们把牛牵到田头排成两溜，女人们拿来很有喜感的红绿彩布搭在牛背上，旁边围满从四乡八村赶来看热闹的人，这就是"行春"——一种在皖江地区至今遗存的古老习俗仪式。人们嬉笑逗趣，能唱黄梅腔、小倒戏和花鼓调的，皆甩开嗓子飙上几曲，男女对歌也行，唢呐吹起，鞭炮炸响，喝彩声不断……牵牛的男人走着8字形"舞牛"步子，然后，互相交换一根染红的牛绳，并摸一摸对方的牛角，这叫"摸摸春牛角（读音"各"），田里收稻谷"。众人一齐赶上来摸，或一齐"舞牛"，男女趁机打打闹闹，迎春的欢乐到达高潮！

河水以清波映照着斜阳，经冬的芦花被逆光勾勒出自然之美。万物起始，一切更生。季节依附时光，注满自然的灵性，喂养了朴素的乡村，也滋润了勤劳的农人和他们的子孙后代。

立春被包裹在年里，天天有大餐，口腹很受用，但外皮酥脆金黄、内馅鲜嫩的春卷，仍是立春首选美食。其次是春饼，把醒好的面团揪成剂子，两个压扁的剂子中间填上芹芽、香菇、肉丝、干丝，捏合起来贴进锅里，直烙到中间有气泡隆起、两面微黄、生出焦香就成了。还有喝七种蔬菜做成的"七彩汤"。所谓"咬春"，只是对舌尖的一个忽悠，咬的不是春天，而是那种辛辣味很重的白萝卜，吃萝卜，咬咬春，白昼长，天升温。有一种内涵更充沛的五辛菜，不但可除春困，更兼散发五脏之气，健体祛疫。李时珍的《本草纲目》有载："元旦立春，以葱、蒜、韭、蓼蒿、芥等辛嫩之菜，杂和食之，取迎新之意，谓之五辛盘。"因为立春与大寒首尾交接，饮食上当顺时应变，多摄辛温发散之物，调和营卫，形成自身小气场，以适应春天的万物生发。

在民间，打春仅仅是一个预备春耕的前奏，春天的序幕还没有真正拉开哩。立春这个节气，在农事活动上并不是太给力得劲。如果这个春打在春节后，直到清明这段时间的"春颈子"比较长，农事安排宽松；若是春节前就打春，"春颈子"比较短，天气回暖早，节令往前赶，农活就非常催手了。

立春逢正月，时光正在年味里游走，从初一到十五，基本都是在拜年请客接春酒。今日吃了李家饭，明天又喝张家酒，你请我，我邀你，东家轮流做。一年难得几日清闲，加上都是早已备办了一应吃喝，请起客来，自然户户都是大手笔。正月赴宴，身上光鲜行头好，礼又拿得出手。酒菜早已摆出，大家围桌坐定，一年的话题，不嫌太长便尽着兴头聊吧。就算谁谁曾结下过疙瘩，斟来满去的热酒一喝，暖话一讲，闷气消散，心头舒畅了，划拳喝令声此起彼伏。

有时正吃着饭，唱春歌的上门了。通常是个中年人，戴一顶帽檐已塌的旧呢子帽，左手提锣，右手拿锣锤，每唱一句就喤喤敲上几下。春歌离不了"春"："春锣一打响铃铃，我给东家来报春；糕饼碟子台上摆，满堂客人笑（呀么）笑吟吟！"唱春歌的接了赏钱刚走，又来一送"春帖子"的黑瘦老汉，鞠一躬，不说话，抬手递上一张红色《春牛图》，图上有墨印的二十四节气表和一个扶犁耕地的人。图画得虽糙，内涵却不浅，自是怠慢不得。要是耍龙灯的过来了才热闹，老远就开始放双响炮接灯，唱灯戏，吃灯席，锣鼓喧天，人一拨一拨地涌来，流水席一顿接一顿地吃！

也有勤劳本分的人，离开这些热闹，脱了冬衣往矮树杈上一搭，独自撑一只大盆去捞塘泥。巨大的钉耙扑通一声抛入水中，激起水浪直往岸边打。这种捞泥神器约二尺见方，状如铁畚箕，捞泥人抓紧丈余长的篙把柄梢，一摇一晃，感觉下面兜满塘泥，便用力往上提。一钉耙塘泥足有百多斤，没有一把力气是不可能提过盆沿的。要是天很冷，钉耙篙子起水，两手搓着结在上面的一层薄冰咔咔直响，被戏称"捋鸡蛋壳"。盆里泥满，撑到岸边，一锨一锨戽到田头堆起来。待阴干冻酥后，再用锹锄打碎，抛撒在麦苗菜苗的行间。

牛粪及牛栏屋里垫脚土，清理出来也是上等肥料。这些牛，当然不是被彩杖或彩鞭幸运击打的牛，也很少能摊上"舞牛"的好事，它们已被囚禁了一个冬天。

立 春

牛栏屋里充溢着牛屎尿、牛鼻子和牛嘴巴呼出的气味，不好闻。从禾场边草堆上抽几抱干稻草扔给牛嚼，趁大太阳牵到塘边饮水。牛身上毛都立了起来，皮粗肉糙，见有几丛刚钻出地皮的绿草，就停下来贪婪地伸舌头去扫扯。这时，人和牛都急切盼望春暖花开的时节赶快到来。

　　一群孩童从村口窜出，口唱胡乱的歌谣奔向野外："又是一年打春时，风筝飞满天……"春天头一茬阳光，鲜嫩洁净，生机充盈。春天初始的风，都是怀满欢喜，由下朝上吹拂。朵朵白云跟着风飘动，显得异常轻快。有人把风筝放上蓝天后，便扔了牵线，任凭长风把风筝带往天涯海角。据说，这样能消灾趋吉，给自己带来好运。

雨水

春雨细　晓风微
廿四节气划分明

每个节气，在黄道上都有一个对应的节点。当太阳位于黄经330°视角为雨水，时在2月18—20日，相当于正月十五元宵节前后。

黄经是黄道上的经度坐标，对黄经十二均分，均分点所对应的某一天就是十二"节"，如立春、惊蛰、清明、立夏等；而在十二"节"间再取中点，这就是十二"气"（中气），比如雨水、春分等。单数为"节"，双数为"气"，二十四节气就是这样将光阴的故事慢慢讲述的。

古人又惯用抽象的五行配附天地万物，借以阐述事物之间的普遍联系。最早的物候历法书《月令七十二候集解》中说："正月中，天一生水。春始属木，然生木者必水也，故立春后继之雨水。且东风既解冻，则散而为雨矣。"天上下雨地上流，四季轮回永不休，此时，气温回升，冰雪融化，霜期告终而雨水增多。昨听一夜雨，天意苏新芽。天上有雨，地上有流水，水活万物，故称雨水。

"卧听百舌语玲珑，已是新春不是冬。"百舌鸟学名乌鸫，身子比八哥玲珑细长，也像八哥那样生着蜡黄的嘴和描金的眼线，除无鼻羽和翅上白斑外，从头到脚也是一身黑。下雪天，许多鸟雀都躲藏不见了，只有百舌鸟在林下堆积的残枝败叶间刨啄，贴着河岸没有雪覆盖的水际线小跑着觅食。此时蚯蚓、蛐蜒、蟋蟀等虫子还在土层深处和墙缝里睡大觉哩，也不知它们能翻找到什么？

待到春雪化尽，三五日熏风一吹，梅花的红蕾欲破，百舌鸟亮出歌喉开唱了："滴哩滴哩，滴哩啾

雨水

啾……少威儿……少威儿！"鸣声清丽，婉转多变，一串连一串，如水漫流，这称"花叫"。有时还是清冷的黎明，躺在床上就能听到长短流利的叫声。一辈子都生活在南方已是晚年的大诗人陆游，对万物发荣滋长的季节征候有着超灵敏的感应，写起那些相关农事的诗，就像进退自如地玩转变换技巧的百舌鸟一样，路数全在心中。

但是，若要遵循"听鸟"的习俗，睡床上听肯定不行，必须在春天第一个"人日"里赶到水塘边或林子里去听。若说首先听入耳中的麻雀、喜鹊、乌鸦还有水鸭子的不同叫声，能预报并解析一年的祥凶和收成的丰歉，倒不如说这更能让人感知物候的自然秉性，是天与人、人与物灵犀相通的一种暗示。

坝坡高地上的雨水，顺着沟槽，蜿蜒淌下。春光泄露，柳条上爆出的茸芽，很快变成细细小小的嫩叶。折一段刚刚泛青的柳枝，拧下一小截树皮，捏扁噙在嘴里有一股清甜味，双手捂紧腮帮子用力吹，就有呜哩呜啦的哨音冲出来。

这一天，除了能吃到汤圆，还有人在锅中爆炒糯稻，以糯米花爆出的多少占卜一年稻谷的收成。新女婿会为丈人、丈母娘送上两把缠有红布的小椅，感谢他们养育了自己的妻子；二老则回赠女婿一把雨伞，让他为妻小出门奔波时以此遮风挡雨。对于稼穑小民来说，虽然一生难有太大成就感，但最普通最简单的幸福，还是能抓握得住的。

在雨水节气的十五天里，从"七九"后一半走到耕牛遍地走的"九九"开头，已经完成了由冬转春的时序过渡。地湿之气渐升，晨间偶见露水和薄霜出现。草木幼芽膨大，灿黄的迎春花也一簇簇地盛开起来，有三三两两的蜜蜂出箱了。"立春雨水到，早起晚睡觉。"油菜起薹，冬麦返青，最需要肥力撑扶一把，早一天追肥，就能早一天腰背坚实起来。但此际也最担心涝渍，"尺麦怕寸水"，为防湿害烂根，人人一把锹在手，整天在田里抽沟沥水。一些冬荒地已经在翻耕，准备整理作秧田。

然而毕竟正月方过一半，许多人犹沉浸在年的气氛里，寂寞了一个冬天的田野，看上去仍有些冷清、沉闷和呆板。这个时候，会有纱一般的薄雾丝丝缕缕地从河湾处飘拂开来，萦绕在早春的村落。

正月十五元宵节，年的最后一个欢闹日。过元宵节吃元宵，暗合团圆之意。一锅元宵有一枚内包硬币，谁嘎嘣一声咬上，就为自己一年好运埋下了伏笔。

相传此日亦为道教天官大帝圣诞日，贴年画《天官赐福》便是对这位大帝心怀敬仰，随福受报，有所诉求。除了天官，还有地官和水官二位，分别出生于七月十五和十月十五，又各自在此三日弄神作法，赐福，消灾，赦罪，各司其职，不用敲章开证明弄出许多事情，这便有了上元、中元和下元三个对应的世俗节日，共同完成三官信仰，也给乡村留下许多"三官殿"的地名。元宵节也是新年首个月圆之夜。天上月满，人间福满，灯火齐明，灿烂辉煌。对于舞龙灯的来说，到了此夜，便是走向大年狂欢最后的高潮。锣鼓喇叭齐响，一条舞动的大龙腾空而来……玩灯的阵法有黄龙下海、金龙抢柱、老龙翻身等种种变化。所到之处，鞭炮不断、烟花弥漫、人潮涌动，场面相当热闹！

至此，龙灯真正算是"玩"完了，谓之圆灯。只留下龙头，来年再续热闹与好运，龙皮、龙尾则送到江河边烧掉，并将灰烬残骸抛入水流中，意为送龙归海。

但在第二天即正月十六晚，还有一场旁门左道的家庭喜剧上演。相信很多人都看过《老鼠成亲》的画，一伙红衫绿裤的老鼠吹吹打打，张灯结彩，好不闹腾。四个尖嘴细腿的家伙肩抬花轿，里面坐着红衣美娇娘，傧礼前导，奁妆具备，后面跟着头戴官帽、手摇折扇

雨水

的新郎哥，还真是有模有样。在老辈子人眼里，这一天是很有些规距讲究的，不能端笸箩做针线，特别不能动剪刀，怕扎烂鼠窝，说是你扰它一天，它扰你一年。到了晚上，还要在桌子底下放些芝麻糖、方片糕之类，为老鼠成亲准备喜糖，并叫孩子们手拿簸箕，到屋子各个角落敲打，口里念着"十六十六拍簸箕，老鼠子养儿不成器……"，这实际上是对老鼠的诅咒，希望它们一代不如一代，到最后永远绝迹死光光。

　　正剧演完，大变脸喜剧也演完，两三日后，该到外面打拼找生活的人就要出门了。在春的起点，带着希望上路。早起时，残月霜晨，天色尚未透明，听得头顶朦胧的空中传来"嘎——嘎——"的凄清唳鸣，虽见不着身影，却知道高空正有一队大雁在疾飞。它们也在起早赶路哩，只是它们的路程更其遥远。傍晚的天穹上，也有雁阵飞过，它们的翅翼下，总是有一缕两缕淡淡的炊烟随风而逝。

"七九六十三，行人把衣单"，阳光热烈起来，在路上行到近午，身上棉衣穿不住了。要是脱的衣多，干脆抽把稻草坐路边搓一段绳捆了，绳头再打个结套肩上，好甩开膀子走长路。有时对面过来两个挑担子的，担子一头亦都吊着用草绳捆扎的衣物。漾动的春水，和畅的惠风，属于每一个在路上的人。

正月快要过尽，人们开始编筐修篓，整理农具，选种晒种。用晒过的牲畜粪作基肥，灌水泡秧田，将秧床上的土打成浓稠的泥浆。

男伢女伢们，挽起竹篮到地里挑猪菜。有一种开小黄花的鹅尼菜，形状和荠菜差不多，白浆多，汁水足。鹅尼菜不但猪吃，人也吃。用开水焯过，切碎，抓一把碎米煮成菜粥，黑乎乎的，吃嘴里有点苦涩。而蒲公英则鲜嫩可口了，找到一棵，拿小铲朝根部一剜，就完整挖出来。村子里小孩子多，如同蝗虫一般，低头从田边地头和沟渠埂坡走过，只要能长猪菜的地方，一寸也不放过。近处挑光，就走向远处。一般都是扎堆结伙一起出门，大家除了挑猪菜，也是要满足玩兴。

挑猪菜会有意外的收获，比如捡到人家鸭子在野外下丢的蛋，捉到淌水沟或者水草丛里的鱼，有时甚至能一脚踩到老鳖的壳盖上，这些意外收获让人快乐得忍不住欢叫。

在江滩和芦苇沙洲上，蒌蒿也一丛丛、一蓬蓬，绿意满眼长出来了。采回家，仔细择净，只留下青青脆脆的秆尖，掐成寸段，炒干丝、炒腊肉，清香盈绕。外地人有所不知，那可真是让人口舌留春的野菜。蒌蒿伏地而生，那股青郁的蒿香是从地心里接出来的。

喜鹊们开始成双成对翱翔于蓝天之下，鸣唱激昂。空气湿润而透亮，万物恣情地生长繁衍，雨水将春天的气息打发得特别充盈。

惊蛰

虫出没 风软轻
赊得春归好耕耘

惊蛰，古称"启蛰"，二十四节气里排位第三，亦是干支历卯月的起始。时间点在公历3月5—7日，太阳到达黄经345°。

卯，冒也，万物冒地而出，代表着生机迸发。同时，卯月又是闰月最多的月份，为避免出现两个正月岁首，闰正月都改成了闰二月。

《月令七十二候集解》："二月节……万物出乎震，震为雷，故曰惊蛰。是蛰虫惊而出走矣。"虫子入冬藏伏土中，不吃不喝，乃为"蛰"。惊蛰，即"一声春雷动，遍地起爬虫"，上天以打雷赶起蛰居的虫子。实际上，这些虫子是听不到震雷的，大地回春气温上升，才是它们终结冬眠"惊而出走"的原因。

第一声春雷过后，窗外桃枝上，几粒花蕾初解风情地鼓绽起来。贴着地面吹来的风，已变轻软。"春雷响，万物长。"惊蛰时节正是大好的"九九"艳阳天，走到哪儿，都是扑面而来的春之气息。辛荑破蕾，玉兰树高枝上开满粉白的花，似迎风奔向未来。大地容光之焕发，令人略感意外。

惊蛰不单惊起爬虫，也惊起了蛇和蛙。龙蛇一家亲，二月二，龙抬头。龙睡了一冬现在醒来，把头抬起四处望望。这一望山也青了，水也绿了，草木之色，无尽绵延。

为什么叫"龙抬头"呢？追根究底，这有来历，可以拿笔勾勒一幅草图——古人用二十八星宿来表示日月星辰在天空的位置，并据此判断季节。二十八星宿中的角、亢、氐、房、心、尾、箕七宿，正好组成一个有模有样的龙形星座，其中角宿恰似龙的角。每到二月春风吹拂的黄昏时分，"龙角星"（角宿一和角宿二）就出现在辽阔的东方天空上，恰如龙抬起了孤傲的头。

由龙而蛇，由蛇而蚯蚓，当无数条蚯蚓开始在地下运动，就把小草的脚底挠得痒痒。天气渐暖，春在眼里生长，也在脚下蔓延。婆婆纳、三叶草、老鸹草纷纷开出细细碎碎的花，树枝上也已铺满嫩绿。不管气候和节令怎样变化，它们都会如期而至，照着老样子一个不少呈现在你眼前。

阳和启蛰，品物皆春。日照越来越长，田野一望青碧，原本匍匐在稻茬桩下的紫云英小苗，熬过了冬霜雨雪，早春暖润的风一吹，细叶落落大方地肥绿亮润起来，已把一块块田地遮盖严实。"惊蛰地气通，锄麦莫放松"，还有"到了惊蛰节，锄头没得歇"……不仅锄去杂草，更要让土壤疏松透气。小麦拔节，油菜始花，皆须适时追肥，施上腐熟的人粪尿，补壮身子，也叫架势子。

菜园里，一畦畦莴笋列队一样齐崭崭的，比别的菜要高出许多。打眼望去，青菜最为嫩绿，旁边生长着大蒜和起薹的菠菜及芫荽，但谁也比不上莴笋那般宽衣大裳，英姿勃发。莴笋绝对是菜园里的模范生，若叶片太密不透风，地气湿热的暖春天气里，根部经不住烘捂，常会湿漉漉烂秃了桩，顶部承接阳光的叶片虽仍在疯长，但轻轻一碰，就软软倒下来。

人们相信，惊蛰这一天，会有许多占灵精怪的事情发生。家中的蛇虫鼠蚁也会应声而起，排兵布阵，四处觅食，到了扰人不宁时，就得痛下劫杀令。除了以艾草熏屋中四角、门槛隙缝皆堵上干石灰外，还要将黄表纸裁成一张张小条，写上三行字："二月二，照房梁，老鼠蜈蚣无处藏！"在夜深人静时悄悄分贴于家中各角落，这些东西就会死翘翘或消隐不见。

二月二，又是土地菩萨生日。"土地土地，一年两祭，二月初二，八月初一。"土地菩萨是掌管土地户籍和年成收获的小神，自然要住在最接地气、离庄稼最近的叫作土地庙的最矮小建筑物里。土地庙有的没有齐腰高，一般搭建在村口路边，或是一棵上了年岁的大树下。别的菩萨都是单身，土地菩萨却是老夫妻一对。这看起来有点不合规矩的一对公婆，并排雕刻在抽屉那么大的一块石头上，半身，双手笼在宽肥的袖筒里，洪荒一般的脸上看不出表情。人像造型简单，住宅更简陋，两块石头为框，一块为顶，那块浮雕石就是堂屋后壁了。不过，刻在两旁的对联倒是口气不小：庙小神通大，天高日月长。

土地公公面子大，他老人家过生日，大家跟着一起沾光。早上起来，除了有炒豆子，还会享受一碗长寿面，面底还卧上一两个香喷喷的荷包蛋。"二月二，剃龙头，剃过龙头满村遛，一年都有精神头！"刚剃过头的小孩边唱边闹，几只半大的狗也跟着瞎乐。到了傍晚更热闹，一大帮人敲锣打鼓来到土地庙烧香磕头，请求菩萨一如既往在新春开耕后多给照顾，保佑风调雨顺，五谷丰登！

天黑了，家中自有一顿大餐在等候享受。但是礼数却一点不能马虎，桌上摆着鸡、鱼、肉、豆腐四碗菜，上席处放碗筷和酒杯，点燃一挂小鞭炮，请先祖回来享用，保佑全家老小平安。同时，还要拿个碗每样菜都捡一点，送到路口池塘边，给那些没有后人的"野祖"食用。然后，一家人开始动筷打牙祭。

从牛栏屋清出的牛粪草，早已在稻场上拿钉耙抓碎晒干，一点不臭，还有一股好闻的发酵味，被用稻草包成一个个笸斗大的包子。黑月头晚上，这些包子都弄到选好的秧田里烧，增加地力。把土块堆成小丘，里面就是点燃的牛粪草包子。有时土块压少了，正好一阵风吹来，就有暗红明火往外蹿冒。人影幢幢，烟火阵阵，倒映在乌沉沉的水塘上，仿佛是通往另一个癫狂又温暖的世界入口。牛粪草包子极耐烧，一个个

惊蛰

29

土丘余烟袅袅，好多日不断，空气里串满焦土味。系了红布条的秧桶里，胖润的稻种已吐出白生生的芽头，择日便可撒到秧床上，竭力吸取天地之精华。

风儿带来新绿的喜悦，落地生根的日子里，阳光像鱼鳞似的闪烁。一群一群的小鸟在疾飞中鸣叫，如精灵一般忽上忽下。它们的羽色近似泥土，落下来便会无影无踪。河滩上，有人脱了衣在挖宕栽树。

"惊蛰刮北风，从头另过冬。"天气时暖时冷，摇摆大，"倒春寒"杀回马枪，要命的桃花雪可不是动人美景，过冬的棉衣还不能一下丢掉。

春分

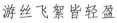

桃杏正开

游丝飞絮皆轻盈

春分在 3 月 20 日、21 日、22 日这三天中某一时辰到来，太阳位于黄经 0° 的"春分点"上。这既是一个起始点，也是春季九十天的中分点。

　　《月令七十二候集解》："二月中，分者半也，此当九十日之半，故谓之分。秋同义。"春分是个走中间路线的绝对平均主义者，至此，春天已过去一半，春装在身，冷热正均匀；一切景致，野外的淡碧鲜青，也到了恰好居中的当口。春分昼夜无短长，《春秋繁露》说："春分者，阴阳相半也，故昼夜均而寒暑平。"也就是说，一年里春分及秋分这两天，物候阴阳对半，昼夜平均，寒暑相平，不偏不倚。

春分作为节令，早在春秋时就规划好了。那时，唯有立春、立夏、立秋、立冬、春分、秋分、夏至、冬至所谓四时八节。一年四季里，只有打头的"四立"，和居中的"两分两至"，其他都没带上。到了《礼记·月令》一书和西汉刘安所著的《淮南子·天文训》中，才有二十四节气全满员记录。

春分首先是祭祀庆典日，在周代，有春分祭日、秋分祭月的礼制。日、月分别掌管一天的昼与夜，帝王在特定时间祭拜，是一种虔诚庄重的国家仪式。而在民间，大人小孩都兴兴头头地玩着一种游戏：选一光滑匀称、刚生下不久的新鲜鸡蛋，轻手轻脚地在桌子上把它竖起来。虽然失败者颇多，但成功者也不少。"春分到，蛋儿俏"，春分竖蛋，嬉大于庄，是另类的祭日吧！

草碧淡淡烟，岸柳青青。"仲春之月……玄鸟至。仲秋之月……玄鸟归。"——这是《礼记·月令》中的话。春分来，秋分去，特意挑选一年中如此特别的两天往来，既符合江湖规则和生存指南，又颇具神奇玄灵味道……此"玄鸟"究竟为何鸟？玄者，黑也，它们就是黑衣簇新的燕子。昨晚异常敏捷地飞回来了，刚刚在旧主家找到熟识的窝巢，现在需要取一点湿泥拌上自己的唾液进行修补加固。"玄鸟"们在掠过清清水塘时，会一侧身，翼尖在水面一拖，便有小晕涡一圈一圈地漾开来。

玄异中有许多故事，这些仲春来、仲秋去的黑衣鸟，竟然还是远古商族人公认的祖先。"天命玄鸟，降而生商"，是《诗经·商颂》中的说唱词吧。《史记·殷本纪》这样还原："殷契，母曰简狄，……为帝喾次妃。三人行浴，见玄鸟堕其卵，简狄取吞之，因孕生契。"

虽不大靠谱，却道出了春分时日在民族繁衍过程中所起的重要催化作用——这更有《周礼》"中春之月，令会男女"为证，那就是一场接一场谈情说爱的狂欢节啊。

春花秋月无尽期，年年东风不更时。农历二月，又有"杏月"之称。熏风稍一吹拂，杏树枝条便开始泛起绿来，嫩芽渐出。过不了几天，细枝上便突起一个个娇羞的小花骨朵。早上一觉醒来，潇潇春雨已去，满树的杏花已迎风绽放，粉白的瓣裹拥着金黄的蕊，凤冠霞帔一般，远远近近，空气里弥漫着迷人的清香。

天空一碧如洗，地里的油菜花黄着，麦子绿着，蜂吟蝶飞，凉荫肥浓，一派华丽旷远。养蜂人的蜂箱堆码在路边或平坦地头，驻家帐篷也搭在那里，他们在一旁忙碌着，把那些密密麻麻的长方形木格子倒来倒去，摇出黄亮浓稠的琥珀色花蜜，一点儿都不怕被蜂蜇到。

衣装鲜亮的黄莺鸟站在高树梢上叫了，声音拖得长长，还能带拐弯，时而婉转似笙簧，时而又突然尖锐如笛音。一边啼鸣一边弹跳，拨弄得粉白淡紫的花瓣纷纷坠落。要是两只鸟飞来绕去地兜圈子，这通常是在恋爱了。若像古人一样把黄莺称作"仓庚"，便再次同《诗经》接上了头："春日载阳，有鸣仓庚。"由此而知，这又是一种情事多多的爱恋鸟，专管"嫁娶之候"的。似乎只有庙里得道的高僧大和尚，才无视性别，刻意将它们一律称作"金衣公子"。

腰杆高直的香椿树，枝头开始喷芽吐紫，脚跟边会有蚯蚓出外爬行，打探资讯，拜会同类。蚯蚓根本不可能知道，高树上的椿芽，临风流韵，用来涨鸡蛋，掺和剁得极细的肉糜茶干，好马配好鞍，那股窜香至味，哪里寻得？如此红椿紫芽，在搁了鸡蛋的面糊里拖过，挂浆入油锅炸焦脆，状似珊瑚，尤为不俗，有口福品尝的人怕是不多。

脆嫩鲜美的春笋，趁着三月春雨绵绵的湿润，破土而出，成为盘中佳菜。菜园里，黄瓜、瓠子长出大叶，四季豆和辣椒、茄子已下种。"春分麦起身，肥水要紧跟。"不敢荒废了光阴的农人们，抓紧耙沤农家肥，送肥下田，清理田头地脚杂草。那些叶片肥壮的牛耳大黄还有黄蒿、蓼子，真接用锹铲下田，再剁成几段，伸脚踩进水底沤泡着。有时割来成筐成担的青草，倒入田里，再一脚一脚踩下去，让其腐烂发酵，这叫"埋青"。

在一些浅水塘梢里，莼菜出水了。星星点点漂在水面上，茶杯口大的椭圆叶，正面鲜碧，背面紫红，看上去滑滑嫩嫩的。其实，很多地方俗称"蘅叶禾子"的莼菜，本身是没有味道的，多是撮点盐花凉拌了吃。

春 分
───

37

有条件讲究的话，加在汤里更好，几片细长暗碧的叶子，似茶非茶，半舒半卷悠悠然浮在有肉丸和鲜青的春笋丝打底的汤中。连汤带叶舀一匙入口，滑脆滑脆的，有一种鲜爽的清香。这东西见不得铁，最好放砂钵里做，要是在大锅里烧出来就发黑。

看过那些穿靛青蓝印花春衫的女子在大湖沼泽里采莼，自会留下深刻印象。满湖的莼菜荡漾于水面，腰身款软的她们坐在木盆里，犹如采茶一般，左掠右捋，只采沉浸在水中尚未及舒展开的新叶，指尖的感觉极其细腻精准。新叶小小细细若纺锤，被一层清明的胶质包裹着，崭崭亮亮地折射着春水的光彩。采莼菜是不能划船的，划船动静太大，晃起的水波会令细小的莼菜荡开漂走。只有坐在木盆里缓缓地靠近，在那些已经展开的圆叶间搜觅将露未露的嫩芽，贴着柄上叶茎采摘，眼到手到，全凭指尖轻轻一掠。

牛都出了栏，散放在河滩上，尾巴甩来甩去地啃着青草，不跑不闹，有时抬起头漠漠地望一望远方，又低下头去吃草。春分是每年首个放牛的日子，自然有着专属的仪式和特权，那就是三更天起来"抢青"。在这个特别的黎明时分，牛可以放开肚皮"抢"吃地里任何青绿色作物，麦苗、油菜、红花草……不拘戒律，大杀四方。但也只能限定在黑幕里进行，待到天亮后，不等太阳露脸就得打住，否则让人家抓到就要问罪了。因此，人和牛都要起大早。黑咕隆咚里，风吹在脸上好冷，把身上衣袄紧了紧，到了一片踩着软软的红花草田里，牛也晓得这顿免费大餐机会难得，埋头一口一口地扫扯着，满耳一片呼呼声。

放牛伢子回家吃过早饭，就把一支支顶端戳了汤圆的竹竿插到育秧田四角，这叫"粘雀嘴"，希望雀儿们偷食的嘴能被汤圆粘住，不要再去啄吃田里细芽刚绿的稻种。另有一些小孩则拿着铁畚箕或是铜脸盆跑到田头，边敲边唱："金嘴雀，银嘴雀，今朝我来咒过你，吃我家稻种烂嘴壳！"要说这是谑大于咒的警告，倒不如说是一种嘻哈玩乐的游戏。

河湾处有一大片林子，都是一些不怕水的柳树、榆树、杨树、刺槐。不断有珠颈斑鸠从头上飞过，大山雀在枫杨树上飙歌，虽然动听，但高音区调门有几分乱，分明是错了节拍。白头翁也在啼鸣，它们嗓音沙沙哑哑的，飘荡在空阔的林子上空，显得有点黯淡，有点软弱。连小白脸鹡鸰也来了，在林子下面的低处穿梭，很强悍地到处捕捉昆虫。

绿裙夭夭，春衫嫌薄的节气里，总有一种勃勃的生机和新奇的东西在飘升。一缕风，一朵云，一滴露，都闪动着灵慧之光。

清明

水气清 菜花黄
又见一年柳如烟

清明在 4 月 5 日前后到来，太阳视位为黄经 15°。天地一派澄澈隽永，气清景明，万物皆显。

无风，能清楚听见地气带着咝咝响声升腾而起。地气就是自然之蕴藏，大地之精华、灵气，从地缝中透出，在林子里萌动，在沟坎下升腾，在水面上缭绕，在田畴地埂间弥漫……

二十四节气中，既是节气又是节日的，只有清明。冬至在历史上曾经也是，后来掉落了。

虽然，清明节到唐朝才落实编制，但作为农事时序的清明节气早已成名。西汉时《淮南子·天文训》中就说："春分后十五日，斗指乙，则清明风至。""斗指乙"，星象语，是早期划分节气的一种指认，即斗柄正对着天空中乙这个区域。黄昏时候观望北斗七星，斗柄指向东是春分，指向南是夏至，指向西为秋分，指向北即冬至。还有看"大火星"或是昴星所在方位，也能判明节气到了什么关口，这就是常说的"斗转星移"。

　　早先，重大世俗节日有八个：上元、清明、立夏、端午、中元、中秋、冬至和除夕。更早时候，还有一个上巳节，就是三月三这天，是春天的庆典日。翻开《诗经·郑风》，仍能听到那个满世繁华年代里青春的歌唱："士与女，方秉蕳兮……"人们青衫罗裙，欢会游春，聚在水边盥洗驱灾，啸歌招魂，青年

清　明

43

男女则谈情说爱，互赠芍药幽兰，你侬我侬，忒煞情多。唐时，上巳节转型并入清明节，才有幸见识到老年杜甫贪看美女的激情诗吟："三月三日天气新，长安水边多丽人。态浓意远淑且真，肌理细腻骨肉匀……"到宋元时期，一个全民参与的以祭祖扫墓为中心、将上巳踏青活动与寒食风俗相整合的清明节，正式定型。

三月三，据说还是观音娘娘生日。这一天，也成了各村女人自己的节日，老的、少的、不老不少的，一大早就起来梳洗打扮，穿上最好看、最有喜气的衣裳，个个花枝招展的走亲访友。人随春好，春与人宜。纵横交错的阡陌上，行走着一群群穿红着绿的人，吸引了许多人的目光。此时，鸟鸣声也变得格外婉转动听，分外清脆。

早饭桌上，除了香喷喷的蒿子粑粑，还有一碗地菜煮鸡蛋。地菜是最常谋面的野菜，其实这时候早就老了，长葶乱枝上开满小白花，掐一些回家和鸡蛋一起煮。煮出来的鸡蛋壳呈淡淡的绿，散发出一股青郁的香。蒿子粑粑是头一天就做好了的——将从野外掐回的白蒿捣碎，淘洗后拧干，放入米粉，加少许切碎的腊肉，做成粑粑，在锅里一个个炕得焦黄喷香。据说三月三也是个鬼节，这一天总有不怀好意的鬼到处游荡，专想摄走小孩子的魂魄。吃了蒿子粑粑，魂就巴得牢牢的啦。

三月三，油菜开花一片黄。村子都淹没在金黄色海洋里，成了一个个孤岛。浓郁的花香渗入空气，随风飘散在旷野间，引来蜜蜂嘤嘤嗡嗡忙碌，大大小小的叶蝶子飞来飞去。有的狗看见这铺天盖地的金黄菜花，都会发癫疯，跑得整天见不到影子。

清 明

三月三，蛤蟆出藕簪。地下的藕茎嫩头钻出水，这种嫩头尖尖的，金属一般黄灿，被称作藕簪或藕钻子，三五日后就能铺成满满一片碧叶。水凼子里，有一窝窝旋动的黑团，是成千上万新生的蝌蚪。浅水处，能看到螺蚌趋近岸边晒太阳，它们从壳子里伸出白生生肉足缓爬慢行，在清澈的水底留下细长的线槽……许多条没有头绪的线槽交织一起，拼出怪异图案，很能激发人的联想。如果是大月亮夜晚，成群结队的鱼游进草塘甩子产卵，追逐起来，没命地撒野。更有一些激情迸发浑身躁痒难熬的大鲤鱼，全然不顾背脊外露，像骑了野马那样横冲直撞，搅起水声隆隆作响！

　　小鸡出苗了。刚出壳的小鸡身上潮潮的，怯怯憨憨站也站不稳。从田里拔来小鸡草，捋下籽实加碎米粒喂几天，小鸡就换了模样，一团团或鹅黄或麻褐的细绒，配上红润的喙，粉嫩的脚丫，以及一双涉世未深的纯洁无瑕的小黑眼，实在惹人怜爱。叶蝶子满地翻飞，鸡妈妈领着孩子们到处转悠，这里扒扒，那里划划，稍有可疑动静，便迅速张开翅膀让小鸡钻到里头藏起来。

种田无定例，全靠看节气。满田畈铺上紫红，扛着犁的农人牵着牛过来了，开始春天里大范围耕耘。春牛如战马，歇了一个漫长冬天的牛们，耸起宽宽的肩胛，蹬着粗粗的蹄脚，把那些用桑榆槐木做成的犁和耙，拉得嘎嘎直响。一天下来，一大片青苞红破正奋力开花的紫云英被犁翻在泥水中。三五日后，田里的水就沤成铁锈色，好似泼了一层油彩。有休憩放缰的牛儿在田间随意啃食，空气中溢满泥

清 明

土微苦的清香。

"清明不插柳，死后变黄狗。"早上起来，折一段柳枝插在大门两旁，谓之插"清明柳"。柳易活，人说插根棒槌也生根，如果这棒槌是柳做的，不用插，扔在那里都能生根发芽。一些育苗的秧床或刚栽下秧的田头进水口也插着细细的柳条，更像是一种导向和祈祝。借着清明打柳枝，青翠的柳枝，仿如鲜活的心思，可以随意攀折。

林木扶疏，芳草连天鲜碧，这显然又是一个容易伤感的季节。鹁鸪声里，春雨细蒙，各种草木疯长，思念也在滋长。清明一雨数千年，雨中，牧童骑在牛背上，抬手一指，酒旗就斜飘在忧郁的风景里，醉倒了古往今来多少行人！清明是上坟祭祖的大日子，这一天，属于黄泉。大姓宗族，由族长带领族人到祖墓团祭，更多的是各家各户自往先人茔地跪拜祭祀。坟头多栽着一棵两棵柏树或是冬青树，有的石碑年代久远，碑上的文字已漫漶难辨。将野草荆棘略作清理，烧过香烛，磕过头，再把头晚在家铰好的白色纸钱拿出挂在墓地小树上、竹竿上，或用石块、坷垃压着，叫"标纸钱"。坟头多的荒野，纸钱一片飘白。倘是茔土坍塌，棺板外露，景况凄凉，而又未"标纸钱"，则通常意味着坟主已绝了后。有厝棺待葬、培坟立碑、移坟并墓以及"拣精"易地安葬的，也在清明进行——因为还须置办酒席，故叫"做清明"，提前三天或拖后四天都行，习称"前三后四"。

青团是清明上坟必备祭品，也用来自食或款待亲友。将鼠曲草（有的地方用雀麦草）挤出绿汁和糯米粉一起揉合，然后包进豆沙、枣泥等馅料，垫上芦叶蒸。蒸熟出笼的青团，香气扑鼻，色泽鲜绿。徽州人的清明馃，则是用一种拓馃锤拓出来的。把面和好后，揪成一个个面坨，填入香椿肉丝或冬笋茶干馅，放进锅里慢慢烤香。

三个指头捡田螺，意味着手到拿来。田螺也着实好捡，从清明过后的秧田沟里，到初夏刚刚分蘖的稻棵边，它们一个个心平气和，老僧入定般静伏在清浅水下，早上太阳刚升起时最多，走完两三条田埂就能捡半篮子。

"清明螺，赛老鹅。"清明前后，螺蛳肥壮，味道极好，让人为之倾倒。这天用针挑出螺蛳肉烹食，叫"挑清"。全家团圆吃晚餐，饭桌上少不了炒螺蛳和老藕。这都是养蚕人家立的规距。据说，把吃剩的螺蛳壳往屋顶瓦缝里抛，声响能吓跑老鼠。同时，毛毛虫会钻进螺蛳壳里做窝，不再出来骚扰蚕宝宝。那么老藕哩，断后能拉出长丝，是不是让蚕效仿？和螺蛳一样，菜花蚬子也是到了油菜开花一片黄的清明天气里，味道才鲜绝。

稻种播下秧畦二十八天，就长到近尺把高了，绿汪汪的，怀满喜悦在风里一仰一俯，像是待嫁的新娘。头一天"开秧门"是很讲究的，要选择吉日良辰，在田埂头插下柳枝，点三炷香，放一挂鞭炮，喝下开秧酒，并散发秧田粑粑。秧田粑粑是用剩余的芽胡子稻种（剩稻，谐音"胜稻"）掺上一定籼米磨成淡绿色米浆，再经发酵后做出来的，甜甜糯糯，除了适口好吃外，更有一年胜过一年之意。据说秧田粑粑在锅里烤熟结焦快、酸甜味浓，栽到田里的秧苗底气就足，发棵发得粗，苗头长得高，打浆也早。这些日子里，小孩子一大早起来，耳朵都是竖起的，听到哪处田头有鞭炮响，就一个激灵蹿出门去抢秧田粑粑吃。

"开秧门"一定要唱秧歌，"插秧不唱歌，禾少稗子多"，一般由一个嗓音特别悠扬的人领唱，余下的人应和。有时是相隔甚远的两块田里对唱，一问一答，这叫"盘歌"。"什么圆圆、圆上天？什么开花（哟）在水面……""太阳圆圆，圆上天，莲荷开花（哟）在水面（喏）……""什么开花（哟）又开花？什么开花（哟）在丫巴……""棉花开花（哟）又开花，茄子开花（呀）在丫巴（喏）……"如果卡壳结巴答不上来，或未能借势借力及时追逼提问的，对方就会群起喝倒彩。赢下"盘歌"，比打了胜仗还高兴！

当遥远的北方从"猫冬"中醒来，刚刚开始耕作时，江南已是一片禾苗青青。

谷雨

泥新燕巢
绿色冉冉遍天涯

谷雨是二十四节气的第六个节气。每年 4 月 20 日前后，视太阳到达黄经 30° 时为谷雨。

《月令七十二候集解》："三月中，自雨水后，土膏脉动，今又雨其谷于水也，……盖谷以此时播种，自上而下也。"

作为春季最后一个节气，谷雨有两种叙事。首先是"雨生百谷"，雨水充足，稻谷蓄力生长时心情舒畅，幸福感满满。其次，则与仓颉造字的传说有关。仓颉是黄帝的史官，因工作之需，遂依照星斗、山川的走势以及鸟兽的足迹，造出了文字。"天雨粟，鬼夜哭"——上天降下漫天的谷子为生民贺喜，鬼却因为再也不能暗中遁形愚弄百姓而衔恨哭泣，这听起来很有喜剧感哦。

篱笆上槿柳树开满酒盅一般大的团团簇簇的粉红花，万物生长渐旺，暮春到了。下雨的时日，村子里泥地上留满了脚印，有人的，有牲畜的。狗是梅花形脚印，鸡脚印是一"个""个"竹叶状，猪脚印有两个尖叉洞，牛的蹄壳印里积满水……潮湿天气里，骚板虫多起来。这种骚哄哄的褐红色小虫，火柴杆长，稍一碰，就蜷成小圆圈装死。屋顶上盖的稻草烂黏糊了，这东西就钻出来到处乱爬，虽长着无数条细腿，走路却不甚得劲，弄不好就掉水缸里淹死。有时揭锅盖时，热汽一熏，它们会从灶篷上跌落饭锅里。实在不堪忍受，又得祭出劫杀令，仍裁出黄表纸小条，上写：香花娘娘入地三尺三——死！分贴于家中各角落。每贴一张，都要举起手中油灯对着那处黑影照一照，叫照骚板，骚板就是"香花娘娘"，也有地方喊"鬼妹子"。

竹林里薄雾缥缈，刚破土的笋尖上挂着晶莹的水珠。这就是"雨后春笋"，其鲜嫩清新，可想而知。采笋时，瞄着五六寸高的新笋，提脚一踢，啪一声就齐根脆断了，虽是省事，但留下白嫩的一截在土中殊为可惜。通常是拿小铲贴住笋根斜着往下一插，再拈着笋轻轻一提就行了。剥笋时，将笋竖割一道口子，划至笋肉，自上往下完整地掀去外皮，笋不会断裂。更简单的办法，将笋头揉软，再用指甲一掐，然后顺势将顶端的笋壳套在食指上，由上往下几缠几绕，笋壳便会脱个精光。小竹笋拍扁切段，同肉丝一起炒咸菜，若是再点缀些青莹莹的蚕豆瓣或是豌豆粒般白润的蚬肉，那真是活色生鲜了。

一场雷雨，四野哗哗流水，在淌水的草地上或细小的沟缝里，常会看到正奋力逆流而上的饱胀胀、怀满一肚皮子的布鳅。奇怪的是，这个传宗接代的季节之外，很少再能见到它们。取土挖了个大坑，与周围水塘相距甚远，但几场雨注满，待四周长上绿草，某一天走过水坑边，发现水里竟然游着一群活泼的小鱼秧子。过若干时日再来，弄干坑里的水，肯定能收获肥美的布鳅。大自然的造化，也正应合了一句乡谚：千年的鱼子，万年的草根。鱼子和草根都是很贱的，很贱的东西皮实，有活力，只要农田里的一口水，山脚下的一洼潭，它们就能自生自长，并最终成就属于自己的一世繁华。

谷雨三朝看牡丹，但牡丹有一种娇气，哪比得上野花随性张扬的阵势。池塘边，墙根下，到处开满粉粉簌簌的野蔷薇，还有金樱子花也开疯了，映在水里，

谷雨

像一匹匹柔柔波动的锦缎。还有蓝莹莹的铁线莲和一树树的白檀，也正在塘坝边争芳斗艳。塘中水草茂密的地方，有时是鱼，有时是老鳖，吹出一串串气泡往上冒，叫"放信子"。

桃李枝头坐满小果，如一粒粒青葡萄。庭院里，白兰花飘香了，那些寸来长的白花，像玉一般温润。它们长幼有序的花蕾，都是从枝梢叶腋间抽出的，每一片嫩叶长成，下面跟着就萌出一个玲珑可爱的小小的翡翠簪头。花蕾日渐长大，由青绿转成象牙白，在某一个晨间或傍晚绽开裂口，悄悄开放。一年中，白兰花共有三次吐馥扬芬，第一次在清明到谷雨，第二次在梅雨期，第三次在立秋前后。

燕子的窝巢，旧的已维修好，新的刚落成，它们不再往水边啄泥了。农家早起，天刚蒙蒙亮，吱呀一声门就打开。巢里燕子也醒了，探出小小的脑袋，左右晃动几下，吱吱几声轻鸣，一个扑棱就飞了出去，冲进晨岚之中。接着，一只，又是一只……一会儿工夫，绿树丛中，村塘水面之上，到处都是飞翔的身影和轻悦的鸣叫。

春耕仍在继续，牛全部套着轭头下田，把开成一片花海的紫云英翻耕开来，沤做早稻底肥。紫云英又被喊作红花草，顾名思义，就是“开红花的草”。江南暮春开花的植物很多，但谁也没有紫云英那种花潮蔓延的气势。翻耕的水田里，前边是牛蹄溅起的水花，后头是铁犁翻卷土块涌起的水浪。

而不远处的田垅，麦子已经扬过花，正在全力灌浆。扯一根壮实的麦秆，三两下一掐，将一头搁嘴里轻轻咂扁，就能做出一支吹出音调的麦哨。有趣的是，地里还长着一种叫“瞿瞿哗”的野草，它的幼苗有一层薄膜，撕开来贴紧上腭，能吹出一种“瞿瞿哗”的亮音。被哨响所惊，齐腰深的绿色里，有小鸟偷偷地东躲西藏。

　　大片紫云英犁完，接着是耙田、耖田。耙田时，两腿分开一前一后站在耙齿框上，一手握鞭，一手拉紧牛尾，控制好平衡。只要向牛发号施令，该走就走，该转弯就转弯，但要不停回头察看土块破碎及土面平整程度。耖田，则两手扶着耖框，跟在后面跑得泥水飞溅……要是田没耖平，或者没把土块都耖碎，就会影响秧禾的生长。有时整块水田看似平坦，但秧苗一插下去，就出丑露乖了：高处秧苗现出泥根，烈日一晒便气息奄奄，低处的只露出叶尖在水面上浪打浪地漂浮。这些日子，人忙得没工夫放，只有割草喂，人和牛都累坏了，身上溅满泥浆。下晚放轭后，牛低着头，尾巴都懒得甩一下，牵到树下，适时喂上裹了盐煮的泥豆（一种褐色小黄豆）或棉籽的稻草包子，补一补亏欠。

地里的茄子、辣椒和豇豆、青豆才起秧架藤子，南瓜浇点粪水就疯长，连绵开出一路黄花。刚刚被雨洗过的苋菜，嫩叶尖下缀着亮闪闪水珠，无论是间种在瓠子架下的空当里，还是齐崭崭地呈现于地头，看上去总是那么爽心贴意，清新撩人。

"谷雨栽上山芋秧，一棵能收一大筐。"河湾空闲的沙土地上，见缝插针栽的山芋秧整整齐齐，正在缓苗。还有大片黄土裸露，蓬松平展，布满细细碎碎的脚印，那是花生、芝麻刚刚种下的痕迹。

走在茶园里，如果听到"橘子！橘子！橘子橘——"的啼叫，就是大山雀在练嗓子。这时密密叠叠的茶树春梢上有旗有枪，嫩叶见风长，指尖上稍一疏忽，就过了最佳档期。采茶女都是双手上下齐捋，就像鸡啄米一样，正所谓"清明很少摘，谷雨摘不撤

（及）"。谷雨茶就是雨前茶，生长期比清明茶多了半个月。看上去色泽深绿，粗枝大叶的，可都是一芽两叶，一扎齐的长短。取大瓷碗倒入沸水，捏一撮新茶投下，看它们在水里上下沉浮，一点一点伸展筋骨，绿水里竖起一芽两嫩叶，多像上下两片喙里伸出个细舌，故俗呼为雀舌。有极少量一芽一嫩叶的，叶是旌旗芽是枪。雨前茶价格比较经济实惠，水中造型好，口感上不比明前茶逊色，通常更受老茶客追捧。茶农们多将谷雨日上午采叶做好的茶，留作自饮或待客，他们在给你泡茶时，会颇为炫耀地说："这是谷雨那天做的哦。"言下之意，只有贵客才有口福喝到这个当口的茶。

那里茶汛尚未全部结束，这边蚕室里又忙开了。枣花簌簌落，蚊虫嘤嘤嗡嗡地多起来，得赶紧在门头挂上艾草或菖蒲。"谷雨三朝蚕白头。"谷雨前后，尤要防蚊防鼠。别去养蚕人家串门招惹是非，即便是过去的衙门官差，也不得乱闯，冲撞了蚕神可不是闹着玩的。

春天快要过尽，黄鹂的幼雏出了巢，跟在老鸟后面飞起落下找吃的，四五只、六七只一起在花树间飞来绕去，能让你看花了眼。一到楝树开满幽蓝小花的时节，似乎满世界都飞着它们脆黄的身影，高枝跳到低枝上，啁啾个不停。"暮春三月，江南草长，杂花生树，群莺乱飞"，说的就是这场景吧。

"春插日，夏插时。"立夏前要抓紧插完早稻秧，谷雨插的秧禾比立夏插的秧禾明显发旺。田脚水清，稻秧青活，蝌蚪变成拖着尾巴乱蹦的小蛙，就能听到咚雀子叫了。咚雀子总是在稻秧发棵后才出现，其他季节不知躲到什么地方去了。咚雀子就是秧鸡，通常只闻其声而难见其影。晨昏时走在水汽迷蒙的乡野上，四周的稻田里，或远或近响着一连串粗闷鼻音那样"克

谷 雨

咚——克咚——"的鸣叫声。

　　到了和春天拱手揖别的时候。一场雷暴雨后，塘满渠平，满田畈的水涨上来了，斜阳落照，四野清新。弥眼的稻田里，一声声传递着秧鸡响亮悠远的啼鸣。

　　谷雨不是霪雨就好。无尽延伸的圩堤，像是修长的手臂，将田野和村庄揽紧在怀抱里。

满夏连

夏相

夏芒暑

立夏

三鲜舒院落

槐柳荫浓春去也

立夏，夏季的首个节气，5月6日前后到来，太阳到达黄经45°。

《月令七十二候集解》："立夏，四月节。立字解见春。夏，假也。物至此时皆假大也。""假"者，"大"也，是说春天出土的小苗都已经直起身子长大了。

立夏至，余春尽，农作物进入旺生旺长的时段。从此"一夜熏风带暑来"，"绿树阴浓夏日长"，头戴草帽，披件家织的白土布小褂，卷着裤管在地里干活，夏天的存在感一下就出来了。

在古人传说中，夏季归祝融管辖。每年此时，天子要到南郊七里之外去祭祀祝融，祈求保佑一夏平安。祝融是火神，前去祭祀的人都要穿朱衣，乘红车，骑赤马。回到朝廷后，掌管冰政的凌官早已让人打开地窖，取出切成小块的冰，由天子亲自赏给大臣，作为消夏的提前预演。只是，估计这宝贝疙瘩捧不到家，半路上就化成水从指缝里溜掉了。

大片大片的槐花，似乎一个早晨就忙乎着全开了出来。村里村外，一树树白花在风里招摇，老远就闻到醉人的清香。一拨又一拨的叫天子从沾满露水的地头弹射而起，清脆悦耳的鸣叫声也从它们的喉间弹出。麦田边，菜园旁，草丛里，常有野兔跑出来立起两条后腿打哨望。

清早，河边沙滩能找到脚鱼爬过的几行细腻脚印，表明它们来探过路了。在今后的月夜里，它们会在某一处刺蓬子下面扒开沙土产下一窝光溜白净的蛋……那将是一场夏日惊喜的开端。正是生性爱沙窝，所以脚鱼又通称为"沙鳖"。在沙地附近水里摸蚬子，运气好，碰到蚬子窝，一下子可以扒出大半筐。把它们倒在水盆里养着，淋一两滴菜油，一夜吐尽泥沙，再放锅里用滚水一"哈"，一个个小扇子似的壳全都张开来，用手轻轻一抹，蚬肉就下来了。蚬肉除了炒韭菜外，烧豆腐、炒鸡蛋、炒蒜苗、炒青菜头，都有着说不尽的妙味。

有小贩从炕坊里盘来毛茸茸的小鹅、小鸭，放在那种叠码几层的巨大扁圆竹篮里，用长扁担挑了四乡叫卖。呷呷叫着的小鸭尾巴尖长着黑毛，明显比小鹅机灵活泼，它们都是游泳好手，放到水里就能游好远；喂食则各不相同，小鸭吃新鲜黄鳝血拌米饭，小鹅吃米糠拌苦荬菜碎叶。满地跑跳的小公鸡已经长成半大小子了，身上羽衣一天比一天鲜艳烂漫。系着蓝布围裙的阉鸡匠这个时候会上门来，阉鸡又叫"旋鸡"，实际上应该是"性鸡"，就是消除掉小公鸡的性念想，不解风情，只一门心思长体重增块头。主人在屋子里撒下稻谷，唤了鸡群进来吃食，然后用大鸡罩把它们罩住。除了特别幸运的一只留下做种外，其余一概拿下。

柳莺十分活跃，它们成群结队相互照应，长相都一样，绿绿的、小小的，在茂密的柳条和槐树枝叶下不停地穿飞跳跃，且各有各的跳法，尖细的嘴里发出细脆的"吱儿""吱儿"声，有时飞离枝头扇翅，将昆虫轰赶起来，再追上去啄食。初夏河水暴涨，柳树的半截身子没入水下。几日后水退，树腰干上便长出许多嫩红的茎须，易招芽虫，柳莺有时就飞下来横着身子在那里啄食。水面上，有大群白鹅和麻鸭，船队一般游过。

立夏

傍晚时，到水边打绷钓亦颇有趣。钓钩用细钢丝磨成，尖头弯曲锋利，穿上小虾或蚯蚓，也有穿上小土蛙作诱饵。傍晚前抱来十多根钓竿，依次插入水岸边，钓钩刚好悬入水面下一点点，多捕鲇鱼、黑鱼、翘嘴白等，都是水中狠角色，虎狼之辈。收钓竿时，远远望见竿梢上下左右晃动，扯着钓线在水面切来划去，就知有货了……有时钓竿则静静地一动不动，像是在打瞌睡，待手一碰，哗啦一声响，水花泛起，一股大力从竿尖梢那头传来！

夜晚浸透了草木的清凉，月牙儿高挂，星空远茫。行走在野地里，打照面的，都是拿着锹到田里放水的人或是背个竹篓夜渔的人。蛙鸣仍旧急促而嘹亮，中气十足。蝼蛄和蚯蚓，还有别的一些不知名的小虫子，也纷纷亮开嗓门："唧唧吱，唧唧吱——""唧吱——唧吱——"叫声忽高忽低，时长时短，嘈杂而繁密。

受到近前的脚步声惊扰，青蛙"扑通""扑通"跃入水中，躲进高高低低的水草丛里。微风吹过，树影幢幢，细缈的泥腥气和绵绵不绝的庄稼的甜润味，就会飘入鼻孔，进到肺腑里。

农谚"立夏看夏"，此时小麦丰穗，菜籽鼓荚，夏收作物年景基本定局。豌豆立了夏，一夜一个杈，摇曳的藤蔓上，开满一簇簇好看的蝶形白花。与豌豆档期相同的蚕豆也在开花，蚕豆花舞不起来，只能不苟言笑紧贴在茎秆上直条条地开。蚕豆花大得多，是另一类蝶形，白底上起黑斑，尤其花心里有一块黑，像是卧着一只虫，所以乡人唱的民歌里就有两句，"豌豆开花九莲灯，蚕豆开花黑良心"，虽为比兴，却别出心裁，颇见意趣。

立夏后三个月（孟夏、仲夏、季夏）被称为"三夏"，是农事较忙的时候。稻秧起身，破铜钱、鸭舌草、鱼腥草也都从水底长出，要抓紧耘去，这就是老农口中所说"能插满月秧，不薅满月草"的道理。棉花地里同样杂草疯长，来势汹汹，锄头一刻不能歇，"一天不锄草，三天锄不了"。种田就是这样，庄稼捂不住的地，杂草便来抢占，庄稼长得旺，杂草就蔫了势头。真是节气不等人，一刻值千金。而蚕房里的蚕，已是三眠之后，铺满几只大簟子，吃起桑叶一片沙沙声响，像是下雨。河道两旁桑园里，都是打桑叶的人。

水塘边，翠鸟像一个孤独的隐者，常常一动不动，仿佛粘在新荷的箭苞或水边木桩上，缩着脖子静静地盯着水面……往往就在一眨眼的当头，一支宝蓝色的箭矢哧一声射入水中，待你定睛去看时，只剩水面荡漾的波纹和兀自晃动的枝头了。而在河沟和田埂旁浅水里，随处能看到溪蟹洞，大白天，它们也出来找食吃。要想捕捉实属不易，你一伸手，它的动作更快，一下就钻进洞穴深处。它们有时把脱下的壳就丢在洞口附近，水波一动，空泛的腿螯也一晃一漾地动，像是在逗引你。

天地始交，万物繁茂。立夏见三鲜，为尝新之俗。三鲜各立门户，苋菜、蚕豆、笋子为"地三鲜"，樱桃、枇杷、梅子为"树三鲜"，河豚、银鱼、鲥鱼为"水三鲜"。什么样的水照什么样的影子，什么样的土地产什么样的美食。梅子和竹笋仰俯皆是，而最朱圆亮润、最有喜相的樱桃，出在南京玄武湖樱洲上。康熙南巡，江宁织造官曹寅用白瓷大盘盛了献上，此等红宝石一般尤物，皇上实在不忍独享，遂命快马千里加急连夜传送京城。至于名贵的鲥鱼，只在南京八卦洲至芜湖曹姑洲这一段江面才有，按李时珍说法是"初夏时有，余月则无，故名鲥鱼"。寻常百姓攀比不得，就用梅子、虾、蚕豆替代了。虾常年有，只是谐了"夏"音方才一时宠贵。蚕豆这东西确实有点上不得台面，"夏前三天吃不得，夏后三天吃不及"。然而，几十颗不作任何加工修饰的蚕豆用棉线串起，饭锅上蒸熟，恰似一串翠玉雕琢的罗汉佛珠，有几个孩子没享受过？镇上酒坊也很配合，对进店的老顾客奉送酒酿、烧酒，不取分文，因为这天被称为"馈节"。

立夏吃乌米饭，能祛风败毒，乌蚊子不敢叮咬。把糯米浸在搓揉过乌饭叶的水中，粒胀后蒸出来，黑亮清香，绵韧又有嚼劲。此事起源，牵涉到那个后来成了释迦牟尼十大弟子之一的叫目莲的小和尚。他笃信佛陀的老娘，只因破戒开荤偷吃了几片解馋的肉获罪下了地狱。目莲横担经书，跋山涉水下狱救母。但他每次送饭，都被狱警小鬼抢吃了。后来想出一个办法，到山上采来乌饭叶，泡成黑紫的水，煮成乌漆抹黑的饭送去……小鬼被蒙住，不再抢了，老娘这才能吃饱肚子。人们为了纪念目莲这个历经艰险终于救母成功的孝子，就把四月初八这天定为"乌饭节"，家家吃乌米饭。后来，又发展出精编版的蚕豆乌米饭，加了咸肉或火腿肉，还有毛笋，肯定是香气四溢、令人食指大动了。

三鲜和乌米饭都下了肚，孩子们兴致勃勃聚到一起，从脖子上摘下锦丝袋，掏出装在里面的熟鸡蛋，要在桌子上竖起来。立夏，立夏，夏天不就是站在鸡蛋头上的吗？竖到最后，演变成相互争斗……蛋分两端，尖者为头，圆者为尾。蛋头撞蛋头，蛋尾击蛋尾。不破为赢。赢的人就把对方受损的蛋掳为己有，并最终剥吃掉。

初夏时一场又一场的雨水，让俗称"水栀子"的栀子树叶腋下结满花苞，像是一枝枝翠绿的短簪。三两日一过，簪的一头悄悄起了几道螺旋的缝，就开成白花花一片，香气浓得能把人浮起来。旁边的扁豆们，更是蓄足力气，依形就势，盘旋蔓延，不多日就千丝万缕，将整个篱墙变成一片浓绿。

早些年，许多乡村女儿名叫枝子。实际上，应该写作"栀子"才对喔。

小满

长日悠悠
麦穗初黄啼晚莺

小满到来，在 5 月 20—22 日之间，太阳到达黄经 60°。

《月令七十二候集解》："四月中，小满者，物至于此小得盈满。"表明麦和油菜等夏熟作物籽粒已饱满，就差最后黄熟炸壳了。"小满不满，无水洗碗。"此时田里如果没有蓄满水，芒种时就无法栽插单晚稻秧。

小满，小小地满足一下，还没全满——小满之后，没有节气叫"大满"，不需要。"满招损，谦受益"，太满了不好。

五月初夏，黄杨树开满白花，一朵朵蓬松的云飘在天边。当风向由北转南的时候，麦子的颜色开始转黄。它们不像稻子会勾头，株株麦穗齐刷刷伸展向上，直戳到人鼻子尖，颗粒也越发饱满。顺手扯过一茎，在掌心稍一搓揉，再一吹，便落下一撮胖嫩的麦仁。撂进嘴中轻嚼，甜生生、肉筋筋，溢满自然的清香……一边是满垄成熟麦子的"小得盈满"，一边是青绿稻田的水已满盈，小满节气的深意，在此一麦一稻的黄绿之间尽情诠释。

若问最喜欢哪一个节气，相信许多人第一个报出的就是小满，要是再添一个，那就是芒种。如同乡村小媳妇，只要勤快、活泛、水灵，就招人喜爱一样。其实，这却是青黄难续的时节，嘴头子多的人家，缸里米快要见底了，就在饭粥里搭配点苦菜吃。苦菜叶子像锯齿，吃在嘴里，苦中带涩。不过再苦，小满之日也一定要吃，此为习俗。

大麦比小麦成熟早，已能挑些先黄的穗剪回，用石磨研了，炒成焦面粉吃。焦面粉太香，若不加水干嚼，容易噎到。蚕豆、豌豆也都收荚了，豆棵下常能拾到野鸡蛋，一窝有二十多个，孵蛋的母鸡刚逃离，蛋还热乎乎的。有一种带麻点的野豌豆，专门缠附在麦棵上，晚春时节会开出妩媚好看的紫花。它们只有正常豌豆的一半大，和麦子一道成长，麦收时被一起割下，成熟的豆荚早已晒干，一触即裂。孩子们会抢在藤蔓还是鲜青时就钻进麦垄里将它们扯出来，在野地里架火烤熟，捏着豆荚一捋，一排小豆粒全进了嘴，又甜又糯。

田里的水，都是凭借龙骨水车手摇脚踏从塘里抽上来的。小满祭车神，传说里的车神是一条精干神气的白龙。太阳尚未升起，村子里就热闹起来，人们在水车前放上鱼肉、香烛等物品，磕头祭拜。完了端起一碗水泼入田中，祝福龙口水埠旺涌。然后，一声喊号，就如飞地踩动水车，整齐的号子，一下子掀翻了天。清亮的水流真的像一条小白龙，从河里塘里抽上来，朝每一块田里飞奔而去。

"鹁咕咕——鹁咕咕——"树梢头有一只鹁鸪在叫了。这样的啼鸣一旦拉开序幕，立刻就有许多声音加入进来。这村那林，此起彼伏，满圩畈全是鹁鸪叫。鹁鸪的嗓门并不是太好，但它们代代相传一直坚持这样叫，于是就叫成了江南最著名的声音。像是算准了，每年油菜饱荚、麦子黄熟时，巢里的小鹁鸪也出壳了。父母双亲在菜籽田里飞起落下，不停啄食，然后飞回巢中，从嗉囊分泌出一种半消化的乳糜来喂饲雏鸟。田里的油菜籽收割完，小鹁鸪也能出道起飞了，造化之奇，令人赞叹！

黑鱼的仔鱼，小满时已长成蝌蚪那样大，黑压压聚一起，称为"黑鱼花子"，两条大鱼一刻不离地随群保护。钓鱼人用结实的大钩穿一只活的小土蛙，朝鱼花子上轻点，大鱼闪电般蹿出，张嘴咬向饵，被拖上岸都不松口。也有人提一竿利叉逡巡在河湾塘梢处，一旦寻到鱼花子，就睁大眼耐心守候，看清水底有大黑影浮上来，手腕一抖迅捷将叉抛出，很少有落空。

"五月江南碧苍苍，蚕老枇杷黄。"五月底六月初，正是三潭枇杷满山遍野黄熟的季节。新安江两岸青山连绵起伏，点点金黄的枇杷浮耀在绿叶之中，映衬着白墙黑瓦的徽派村落，真的就是一幅幅绝美山水画图。漳潭、绵潭、瀹潭为三处水潭，也是三个村名，终年云遮雾绕，所产枇杷皮薄、汁甜、肉厚。任何一处渡口，都能见到许多挑篮提钩的果农。从他们篮中随手拿几颗枇杷，或是从路边树上摘下几颗熟透的，扭掉顶头斜柄，三两下撕去皮，塞入口中，牙齿轻轻叩出滑溜的果核，果肉被舌头一裹，醇甜味立刻满口弥漫开来。物与人相遇，也是要讲缘分，口舌验过，喜滋滋掏钱购物。其实，杭州的塘栖"白沙"和"红沙"枇杷也是饮誉天下，只是其名不如"三潭"这样好听也好记。

龙船花红栀子白，端午节就到了。龙船花便是端午锦，性子活泼开朗，自从阳光里有了初夏的味道，就旁若无人地一溜烟疯长，一人多高的枝秆上，从下往上，噼噼啪啪就把一串茶盏大的花开了出去，还有数不清的扁圆花苞等不及要绽放。淘气的孩子撕下带有黏性的花瓣往鼻子上一贴，大家都成红鼻子了，喧嚷着，追闹着，烘托出一片过节的喜气。

一大早，张罗好艾蒿、菖蒲还有雄黄酒，吃过蘸白糖的粽子，就跑上大堤看赛龙船。小孩子荷包里装满炒蚕豆，一边嘎嘣嘎嘣嚼着，一边伸长颈子张望。岸边有固定的船口，称为"香火地"，其实就是平日里上船下船、洗衣担水的埠头。河湾那头转出一条龙船，人们顿时欢呼雀跃，猜测是哪个村子的船……等看清了是黄龙还是白龙，爆竹就噼噼啪啪炸响起来。

如果一个村子同时接了几条船，那就要"抢棹"了——派人在远处插一杆红旗，几条船一字摆开，砰叭一声，一支双响炮蹦上天，算是发令。船上大鼓擂动，几十支桨桡同时起落，合着鼓点，动作整齐地往后划水，激起阵阵水花，朝红旗方向疾驶而去……船后高高翘起的棹杆，每落下一次，船便如同给抽了一鞭，一蹿多远。站在岸坡上的男女老少都发了狂，"加油，加油"的吼声震得河水都发颤。《龙船调》伴着大鼓，一声声传来，高亢而苍凉：

打鼓哎——咚咚哎——

把（那个）船儿——开哟。

（齐唱）：划龙船——赛龙船——

老龙（哎）得水（哦），

再回（哟）——来（哟）——

（齐唱）：咳呀——呵嗨，咳咳呀！

海棠花香——唷呵呵呵嗨，

嗨哟，划哟！嗨哟，划哟……

最终，抢得红旗者掉转船头，扬扬得意划过来，接船的村子为龙船挂红披彩。小孩子们跟着龙船拼命地奔跑。

太阳西斜，炊烟袅绕。家家户户飘出阵阵饭菜香，祠堂里、院子里、稻场上都摆满了酒菜。热情好客的主人，为邻乡邻村赶来看赛龙船的亲戚朋友做好了一顿丰盛晚餐。即使你是个过路人，只要肯坐下，也一样会受到热情款待。

芒种

星夜看流萤

正好暗香染衣

芒种是二十四节气中第九个节气，也是干支历午月的起始，时间在 6 月 6 日前后，太阳位于黄经 75°。

芒种字面的意思是，有芒的麦子快收，有芒的稻子（单季糯稻通常带尖芒）快种。所以"芒种"也可称为"忙种""忙着种"，是收割和栽种搅缠一起的时候。"芒种出力出汗，收秋压断扁担。"这一季忙下来，往后吃的喝的都有了。

被称为"麦黄风"的小南风不断悠悠吹拂，天蓝得透明，清清水流绕着竹树繁密的村庄。水是长流水，不停地分出岔去，一湾又一湾。"稻黄一月，麦黄一夜。"圩野里，黄熟的麦子和油菜正开镰收割，新插下的稻秧已返青，一片片黄，一片片绿。"割麦插禾！""割麦插禾！"布谷鸟叫了，声音从云端里传来，像被水洗过一样。

田间什么农活都有了，"小满不答话，芒种不回头"，小麦、油菜还有留种的紫云英收割后，地要赶快灌水翻耕，把单季中稻秧抢插下去。四野里一片草帽晃动，水田里都是倒退着插秧的人。"小满栽田家把家，芒种插秧普天下。"人们真是忙得来也匆匆，去也匆匆……"又起早又摸黑，路又远，田埂窄，中饭送到地里吃。"家里做好饭，装在竹篮里，由老人拎着送往田头，孩童抱着带盖的瓦壶，跟着一路小

芒 种

跑。瓦壶里灌的是深褐色山楂叶梗茶汤，放了少量薄荷与姜片，解渴又提神。人都下田了，村里静悄悄，花儿簌簌落，偶有陌生人走入，一只土狗跟过来，抬头望望，不吠一声又走开。

从田里运回的麦捆、油菜捆和紫云英捆，解开后一绺一绺的，以扬叉插入，抛起，打散。骄阳之下，连枷声整齐划一地响，尘土飞扬，还有牛拉石磙吱扭吱扭在碾压。几个来回之后，拿起扬叉将地上的麦秸、紫云英秸和油菜秆翻个身，再打，再碾。突然，拉石磙牛停下来，张开了两腿，尾巴根翘起，有人喊：快，快，牛要屙屎了！立刻从斜刺里伸过一支木锨，一泡热气腾腾牛屎，不偏不倚全都接在木锨里。

入夜，稻场一侧杆子顶头吊一盏风灯，引来小蛾虫团团飞舞，男男女女拖着长长的影子在忙碌。"丢下扬叉捡扫把（帚）"这句话，形象地道出了打场时节的忙碌……秸秆挪到一边，场上收拾干净了，一个持锨老头走近扫拢的堆前，撮满一锨向上奋力一扬，落下来形成三条线，上风是饱满的籽粒，中间一条是半瘪籽，下风如扇面扬开的是草屑、瘪壳。最后，还要用风车扇。将扬净的籽粒倒入木斗，打开活门，摇动摇把，随着车叶子哐啷哐啷响，饱满干净的籽粒哗哗淌下，半瘪的由另一处泄出，灰尘杂屑则由风口远远扇出。过了筛子和团簸的紫云英种子，细小又沉实，黄绿色，腰子状，将手插进去，感觉特别细密舒适。

麦子打下后，那些粗壮光洁的麦秆会被挑选出来，剪去外叶和梢头，扎成一摞一摞地放太阳下晒干，再稍稍打潮，就可编麦辫子，一盘麦辫子能缝出一顶草帽。还可用这样的麦秆编成大小不一的麦扇子，扇柄下面坠一个红毛线吊着的桃核小猴，一摇一扇，小猴一蹦一跳，十分有趣。

麦上场，杏子黄。南风初起，一树树杏子带雨黄透。有些枝条茂盛的老树就长在房前屋后，推开窗子，果香迎面扑鼻。触手可及的水灵灵的杏子，黄中透红，闪着诱人的光泽。通常，南枝接受阳光多，杏子更大更黄也更甜润……樱桃也红了，水塘边的桑果子早就熟透，成群的麻雀飞到树上啄食，当然还有白头翁、八哥和山喜鹊。有时，它们并不认真吞食，而是伸出尖尖嘴一下一下戏戳那些圆润润或是紫嘟嘟的果实。经不住撞击，果实从枝头掉落下来，摔得面目全非。

这些日子里，清亮的水流日夜哗哗流淌。水塘河道里，所有的鱼，孕满子粒的腹部，饱胀饱胀。它们常常在清晨或傍晚时的水草丛里甩子，打起水花叭叭炸。叫天子更是成天响亮地荡气回肠鸣叫着，常常三五一伙箭一样从田沟里直冲而起，像比赛似的一个比一个蹿得高，倏忽间就蹿上云霄。"叽叽溜——叽溜溜溜"，"滴呖——滴呖呖——滴滴呖呖"，在高空振翅飞行鸣唱一会，又连着几个俯冲回到地面。

　　豆麦下场，早稻扬花，田畴之上一片柔情蜜意。月月红、野蔷薇、槿柳花、石榴花一齐出台，金银花四处飘香，茉莉花枝梢上全是圆润白苞。藏在田埂和坡地边草丛里的"栽秧果"鲜红欲滴，像惹人怜爱的小精灵，小心地摘下捧在手心里，甜津津的红色汁水一碰就溢出来。这样爱死人的小红果，最经不起时间的蹉跎，摘下来不出半日就彻底软塌了……美好事物总是等不起的。

有时，麦地翻耕后还没有来得及耖平，早梅雨就来了，只好泡着。水哗哗流向低处沟塘，鱼逆水而上，多是穿条鱼和鲫鱼，可以清晰地看到它们在犁出的垄沟里乱游。从两头追赶堵截，不一会儿就能捉好多，用柳条穿起一大串提在手里。不仅刚翻耕过的麦地里有鱼，拔秧插秧时也常有鱼跟着手转。

田头积肥的水凼子里跑进更多鱼，几个毛头小子联手堵住凼子口，用水桶粪瓢把水戽干，一个凼子里能捉半桶鱼。要是不能全部戽干，就躺倒水中挥臂旋腿把水搅浑，鱼被呛昏头，露出水面张嘴呼吸，一抓一个准。

再往后几天，水边的皂角树开满白花，密密匝匝，香气四溢。风吹花落，水面漂满一大片花瓣，一种喊作"棉花条子"的小鱼就多起来。此鱼大小如一根稍细的胡萝卜，头骨隆起，嘴前突，既好啄食花瓣更便于在沙里拱刨找吃的。有月亮的晚上，它们成群结队跑到浅水处觅食嬉乐，将水面拨弄得银鳞万点，很容易被粘挂在丝网眼里。"棉花条子"腹腔窄小，一根细肠贯通两头，肉嫩，刺少，煎焦黄下盐、酱煮透，味道好到让人崩溃。裹面粉炸酥，连骨渣都咽下。因极富油脂，此鱼又称"蜡烛鱼"，据说在体内插根捻线，可以当油灯照明，但谁也未曾试过。

单季中稻秧全部插完，田脚水清，还要举行安苗仪式。说是请神灵护佑秧苗平安生长，其实更是寻个由头对自己一番忙碌后的犒劳。用新麦粉捏成家禽牲畜，蒸熟，点上颇见喜气的苋菜红汁，先送土地庙祭祀。结束后再端回家，配上瓜果鱼肉，大碗里倒满青

芒种

97

梅酒，相互劝饮，慢慢醉去。天边的晚霞铺陈着，都是深红的酡颜。

入夜，已有流萤几点，飞来又去，白兰花香若隐若现，仲夏夜到了最值得珍惜时候。蝙蝠在黑暗中巡飞，捕食水塘和庭院上空的飞虫。

夏至

日长蝉已鸣
湿热江南梅雨中

在田里忙着忙着，节气顺着时序的斗转星移如期到来。6月21日或22日进入夏至，太阳到达黄经90°。

在户外立根竹竿，一年中，正午影子最短时，便交夏至时，这就是土圭测日影。"吃过夏至面，一天短一线；喝了夏至酒，一天短一手。"过了这一天，阳光直射地面的位置逐渐南移，白昼日渐缩短。

古时，夏至日被尊为"夏节"或"夏至节"。百官放假，与民同乐。餐桌上除了桃李瓜蔬和凉粉外，还有挂面，吃面长寿，长长的面条或许还暗示了夏至长长的白天。为了祈求丰年，稻田中插草人，田头摆酒食，作揖祷告，又祭了一回无处不在的土地菩萨。回家时顺手掐一枝新穗，放在先人牌位前，以示不忘养育之恩。女人相互送些扇子、香囊还有绿壳鸭蛋什么的，有来有往不欠人情。

仲夏时分，绿色无孔不入，弥漫了所有的空间。大树繁茂的枝头，鸟歌清丽，抬头却难找见它们身影。那些大树长得太繁密茂盛，阳光难照透，树下总是潮润润的，布满细小洞窟和蚯蚓粪便。

早晨走在野外，能听得见植物生长拔节的声音。早稻穗头灌浆，要晒田脚，干干湿湿，以撑得住身子不倒伏为原则。还要再施一次肥，泼洒腐熟的粪水和草木灰，保证根系活力，促进粒大粒饱，减少扭腰子和瘪壳子稻。

豆秧一天天壮实，玉米秧铆足劲往上蹿长，像在撒欢，它们肥厚阔长的叶片泛着油亮的光泽，被阳光和风肆意挑逗着。田旋花还有它们的表亲打碗花和牵牛花，抓紧时机把细茎缠绕到玉米茎秆上，扶摇直上。有时它们也攀在刺蓬子和芭茅墩子上，芭茅长多高，它们就爬多高。一朵朵幽蓝或水红的花儿飘拂着，让人分不清花儿到底出自哪根茎秆上。

阳光施暴，蝉儿开始聒噪。透过树叶隙缝，循声能找到那些可爱的小家伙，通身黝黑光亮，鼓着一对蟹眼，肚皮一起一伏，紧贴在树枝上，声嘶力竭地高呼着燥热。但夏至还不到一年中爆表的时候，大约再过二三十天，才是最热的烧烤天呢。

杂草、害虫也生长旺盛，四处蔓延，须加强田间管理，整日都在地里锄草。但毕竟除了锄草间苗外，其他农活不算多，有几日清闲，所以老话讲"过了夏至节，夫妻各自歇"。牛也没事了，只等着"双抢"

到来再奋力大干一场，一些村子便将牛收拢集中一起，由几个背着干粮和雨伞的人赶去山里放养催膘。

这个时候要换夏衣了，中老年女人都喜欢穿麻线或葛线纺成的葛衣，通透凉爽又清丝。但是，无论麻、葛，底色都有问题，染匠便不失时机挑着担子来了，担子一头是只大铁桶，另一头是柴火炉，边走边放开嗓门喊："染衣啰染衣！白染蓝，蓝染黑，祖传秘方，永不褪色——"有人招呼生意，染匠就在村口支炉架桶，炉膛里烧火，往桶里加水投染料，搅拌后，用一双长竹筷夹住衣料往里浸。炉火正旺，水汽蒸腾，在这难闻的气味里，很快就上色染好了。

乡村油坊日夜不停"嘭""嘭"地响着，声音传得很远，浓烈的油香味也飘散很远。蒸汽弥漫的老旧大屋里，阳光透过头顶亮瓦斜射下来，一口巨制铁锅从早到晚翻炒菜籽，几个只穿着裤衩的精壮汉子，嗨

夏　至

103

嗨喊着号子，共同推动一支悬吊的满是油渍的粗黑长木一下一下重重撞向木榨……黄亮的菜籽油从打成垛套着铁圈的油草饼中挤榨出来，顺着小槽汩汩淌入几口盛油的大缸里。

做挂面的小作坊也终日忙碌着，太阳晴好的院子里，排满一列列面架子，面架子上插着一排排长长竹筷，上面吊着、拉着像琴弦一般细韧的面条，远看就像是一匹匹飘拂的手工布。码在库房里系着红纸头的一扎扎一圈圈挂面，是馈赠亲友、恭贺新居、送月子和过生日等众多喜庆进行时拿得出手的礼品。盘条、上筷子、抻面、晒面都得看天干活，下雨就歇了。挂面咸味重，也不能晒太干，太干了一碰就断拿不起，每十斤小麦可兑换四五斤成品面。

夏至是小麦的盛夏，从芒种一路忙过来，麦子磨成白面，在油锅里炸出麻花、馓子，犒劳一下饥贫的肠胃，馋人的香气在村子里缭绕。用新磨的面粉摊粑粑，里面加上鸡蛋和南瓜花，或者就着新摘的瓠子吃顿落糊汤也不赖。还有一种吃法，先把少量米在锅中煮开，再放入研掉外皮的麦糁子，熬好后，舀入大瓦钵里，直凉到粥薄如水，清亮得能照见脸。哧溜哧溜喝下去，米粒融和而麦糁子硬朗，两种风格兼容，倒也成了清凉一夏的享受。最省事的，是头天晚上发酵面团，次日早上煮饭锅水开米胀，将面团揪成一坨一坨贴在锅沿边，饭熟面香，就成一个个单面焦黄起壳的"发粑粑"了。

夏至杨梅满山红。杨梅紫红，果肉如丝，呈放射状包紧果核，看起来就像一颗血丹，煞是诱人。特别是有一种野杨梅，比指甲盖大不到一点点，因过分熟透而饱满黝黑，散发出一种妩媚妖艳的香甜气息。只挑那些乌紫但依然硬扎的往嘴里投，牙齿一叩剔下果肉，抿嘴啜足一口酸甜的梅汁。一颗接一颗，不须消停，直到倒了满嘴牙，吃饭时连豆腐都咬不动了。梅子虽不是入口的佳果，却是不错的蜜饯原料，可自制成糖渍梅，还可做成酸梅汤。首选是青梅泡酒，就像杨梅泡酒那般，果汁渗透到白酒中，加上糖化的作用，入口有点黏稠，少了烈性，多了几分锦上添花的女儿家袅袅清韵。品尝时，先稍稍含吮一会，再以舌尖轻轻搅一搅，把酒液尽量压向嗓眼处缓缓咽下。

梅干菜同梅雨并无时间上的干连，只是都产自长江中下游梅雨带。把腌菜从缸里捞出来放锅里蒸煮，再扎成一把一把的挂到竹竿和绳索上，有的直接摊在桥头或河边的石头上，晾透晒干。梅干菜无论是做扣肉还是烧五花肉，下饭宜口，而且二餐后再放饭锅上蒸，越蒸越油光闪动。干菜乌黑，入口腍软，略带甜味，肉块色泽红亮，富有黏汁，一口咬下去，连牙髓腔里都溢满了肉感。在徽州，脆香鲜辣的梅干菜烧饼，由街头炭炉现烤出来，焦黄的一面还嵌满粒粒爆香的黑芝麻，绝对是过口难忘的风味美食。把豇豆、小竹笋甚至茄子蒸熟晒干，名称上略作调整，叫成梅豇豆、梅笋什么的，与五花肉同烩，味道也是呱呱叫，而且搁再长时日不馊。

还有做酱，也是家家要念的一本经。酱都是"梅时做，伏天晒"。新麦登场，先用麦粉做成酱粑粑，蒸熟摊在箩筐或是竹笆子上，然后，砍来气味浓烈的黄蒿盖上发酵。大约一个星期，粑粑上长出一层黄毛，并散发出一股清香。等进入伏天，就把酱粑粑晒干碾细，装入大钵，兑上搁了盐的凉开水，放在烈日下翻搅并暴晒，一直晒到浸出黑亮的酱油。

"芒种火烧天，夏至水满田；夏至东南风，平地把船撑。"冷、暖两个阵营空气团在长江流域上空掐架，

夏至

你来我往，互不相让，时而出太阳，时而滴滴答答雨不休。又潮湿又闷热，器物发霉，稍一动就出汗，浑身黏腻整天不得干。让很多外乡人叫苦不迭的，就是江南梦魇一般的黄梅天，每年一段神奇的穿越。时间通常在芒种尾到小暑头，六月中旬到七月上旬前后，中间横贯一个夏至，都浸泡在梅雨里。从"进梅"到"出梅"，前后约二十来天。

有的年份梅雨明显，有的年份则会出现"空梅"。更有超出两个月的梅雨季。"雨打黄梅头，四十五天无日头。"那肯定是要大水泛滥成灾了。芒种以前开始的梅雨为早梅雨，过了夏至才姗姗而来的为迟梅雨。迟梅雨比早梅雨多，一般只持续半个月左右，虽有点狗尾续貂，但降雨量却相当集中。

"吐咕咕，吐咕咕——"鹁鸪总是在连绵阴雨中叫得起劲，叫得人意迷心乱，所以又被喊作"水鹁鸪"，说这鸟东西专是召唤大水的。青草碧水没有了，四野早已沟满渠平，浑黄的水涨到门口晒场边，涨到踏坡子边。渐渐地，住在低处的人家也上水了，只好卸下门板架在凳子上走路。"圩田好做，梅天难过"，河道里裹着杂草和树枝的浑黄大水打着呼哨直泻而下，迫使男人们天天在圩堤上拼搏，巡查渗漏，打桩头，编竹篓，装泥袋，筑子埂……女人们在家收拾整理，把东西往阁楼上架，愁眉苦脸，寝食不安。

孩子们异常兴奋活跃，因为到处都有鱼。稻田里不断有鱼在跳，一条大鱼哗啦跃起，闪一道银光，这里落下，那里又跳起。拿虾笆对着流水的缺口一拦，几分钟后拎出水，就会看见白亮的鱼儿在有力地蹦跳。搭搭子网（又叫戳网）两根竹竿连着网绳两端，网口下边沿坠着铅块，对着缺口朝水里一搭，两根竹竿交叉一赶，再用大腿撑住挑起，半大不小的鱼尽在其中。

夏至

一些大的涵洞流水汹涌，常有大鱼被带下来。出口处都拦着由麻绳编成的叫"海兜"的拦网，鲲子、鲢子、鲤鱼、鲫鱼，还有乌龟老鳖什么都能装到。但固定桩要是没插牢，加上进了大鱼在网兜里折腾，会把"海兜"扯脱冲走。鱼爱生水，当另一个水塘里有大股的水流冲过来，它们就莫名激动起来，一只领头跳，后面就跟着群跳，有的跳过头，落在泥地里，不费事就能捡到许多条。

　　一高绾裤脚的老农人，头戴斗笠，身披蓑衣，手提锃亮铁锹远远走来，时而在这里开个田缺，时而朝那处挖个口子……

　　"黄梅时节家家雨，青草池塘处处蛙"，没有夏至梅雨的江南，不是真正的江南。

小暑

红裳翠盖临暑气
开轩乘夕凉

梅天快要收尾，星空繁亮。当北斗七星斗柄指向南方，飞马星座要到后半夜才升起的时候，炎热的夏季就来临了。

每年7月7日前后，太阳到达黄经105°时为小暑。

《月令七十二候集解》："六月节，……暑，热也，就热之中分为大小，月初为小，月中为大，今则热气犹小也。"意为小暑虽热，但还不是最热。

要说"热在三伏"，小暑正是进入伏天的开始，紧接着，就是一年最热的节气大暑。所谓苦夏，就是"小暑大暑，上蒸下煮"。

古人将伏天称作"长夏"，破格提拔予以"季"的待遇，这样，一年就有了五季：春、夏、长夏、秋、冬。按木、火、土、金、水五行关系循环，以"土"配属对应"长夏"。秋天属"庚辛金"，入伏要从庚日开始。庚日是干支纪时里带"庚"的日子（庚在甲、乙、丙、丁、戊、己、庚、辛、壬、癸十天干中坐第七把交椅），如庚子、庚寅、庚辰……说起来很绕，但《农村年书》有登载说明。庚日十天一重复，夏至后第三个庚日为头伏，第四个庚日为中伏，立秋后第一个庚日为末伏，此即"夏至三庚"四字诀来历。要是夏至到立秋之间出现四个庚日，中伏为十天，出现五个庚日则中伏为二十天。所以有些年份伏天三十天，有些年份伏天四十天，主要取决于中伏的天数。中伏若为二十天，那就要拖延到八月下旬才能出伏。

伏者，"伏藏"也，人们应当宅在家中少外出，

小暑

以避暑气。伏的另一层意思，即古书上说的伏日所祭，"其帝炎帝，其神祝融"。炎帝是太阳神，祝融则是个放火的，为炎帝的玄孙火神。人们畏之敬之，没有他们施放的光和热，百草五谷不能孕育生长。

梅天过了，一般人家都要晒霉，或称晒伏，支起门板、凉床，拉上绳索，将衣物及装在橱柜里的冬天里垫的盖的悉数拢出，放大太阳下曝晒。六月初六，龙也要晒衣帽，但龙的箱柜里似乎只有一件袍子，这就是"六月六晒龙袍"之起缘。傍晚收龙袍时，民间很给面子，大放爆竹以示庆贺。关于"晒龙袍"的来历，还有一个版本：说乾隆皇帝下江南，路上遭兜头大雨浇了个落汤鸡，大热倒灶，又不好掉价找草民百姓借衣替换，只好等雨过天晴，找了个僻静处扒下湿衣，就地晒干再套上身。这一天，恰好是六月初六。

南瓜花开稠密，也是夏夜星空下流萤闪烁的时候，孩子们举着放有鲜嫩南瓜花的小瓶，对着一闪一闪的流萤喊："油炸糕，油炒饭，火萤虫，家来吃晚饭！"就如同下江常熟那边固执地把月亮叫成"亮月"、把螺蛳叫成"蛳螺"一样，众人历来都把萤火虫喊成"火萤虫"。其实，"火萤虫"的美味佳肴是蜗牛，"火萤虫"并不吃南瓜花，只有孩子们自己才爱吃鲜嫩的南瓜花，凉拌的，余汤的，还有炒鸡蛋的。

这样的夜晚，如果不出去疯闹，扛几张虾罾去水边扳虾倒是很相宜的。虾罾是旧蚊帐布做的，二尺见方，两根细竹片对角撑起，竹片交叉处绑一块凿了眼的砖头，砖眼里抹上饵料，放进水里等上片刻，提起来，就听到虾在罾网里有力地弹跳。黑咕隆咚里，有"火萤虫"一闪一亮地飞来照明。要是捕获的虾太多，一时吃不了，就连壳剁碎，拌点盐泼上两碗烧酒，装入

小暑

115

吸水坛里密封起来，到冬天就成了黄稠的虾酱，烧菜时舀上一小勺，极能吊鲜。

连日骄阳似火，大路小路都被晒成灰白色，蜿蜒着，朝绿野里伸去。狗躲到树荫底下吐着舌头喘气，猪在泥水里打汪，牛也全在塘梢里泡着。晒得泥鳅一般黑的光头小赤佬们，泡到水里再也不肯上岸，扎猛子，打水仗，堆战马，有时会爬到水边一棵歪颈子树上，像下饺子般一个接一个往下跳，砸得水花四处迸射，他们称这为"栽水"。

有一种黑白两色身子俗呼"跑塘脚"的小鸟，不停地满塘跑来跑去，把一行行精巧的小脚印留在潮湿的泥地上。它们跑跑停停，停了又跑，两脚不停地挪动，尾巴一翘一翘地摆动……还边跑边叫，显得悠然自信。有时，别处飞来一只很大的灰羽鹭鸟，环绕一圈后，斜斜收起翅膀歇落在塘底，慢条斯理地用长嘴往水里一下一下戳着，捕获鱼虾。

菜园里一片青葱水灵，豇豆架上拉出了一束束细长的嫩荚。辣椒在仲夏的阳光里嗖嗖猛长，一天一个样，半人高，碎花落，一群乖巧伶俐的小辣椒在枝叶间探头探脑，叽叽喳喳，交头接耳；过了夏至日，就出落得一个比一个水灵生动，或青绿或酱紫或鲜红，一串一串，光彩闪烁。南瓜尽力撑开硕大五角形花瓣，闪着丝绒一样的灿黄光泽，日头越猛，结出的瓜才越粉甜好吃。冬瓜多毛的藤子也游遍荒坡野地，牵牵绕绕，不断分枝，仿佛浑身有使不完的劲，有的攀在水塘边瓜架或是矮墙长篱上，有的借助树枝引领，爬上有烟囱的披厦屋顶，日后会在这些地方结下一个个比枕头还要大的长满白霜的瓜。

"越热越出稻"，早稻正在出秀（吐穗），处于灌浆后期，田脚干干湿湿才好。中稻已分蘖拔节，快要进入孕穗期，刚刚追施过穗肥。那些有着黑斑纹的大青蛙就伏在凉润的稻棵下，既可捕捉水里生物，又可伸出长舌粘食停落叶尖上的小飞虫。小暑天气热，棉花整枝不停歇。棉花开花结铃，生长最为旺盛，要及时整枝、打杈，剪去老叶，增强通风透光。在闷热的棉花地里躬身弯腰干上一会子，就会口干舌燥，嗓子冒烟，上下褂裤被汗水湿透。

河滩地里，一丛丛花生秧，细柔碧滑的叶，在微风中轻摇慢摆。山芋浓绿的叶蔓将地垄捂盖严实，一些粗壮的根已抢先发育成拳头大块茎。地面的藤要不时掀翻过来，以免节外长枝，另生须根徒耗养分。小暑要吃薯粥，有人就从微有裂缝的地垄里剜回几个嫩红的块茎。

刺槐花在初夏时就已开过，现在轮到国槐开花。那些挤在绿叶中的小花，不失豆科血统的风范，系着黄绿色围兜，卷曲微紫的白瓣张开，伸出短爪一样的蕊柱，挂在细小的花梗下，像一串串风铃摇曳在阳光里。午后灼热的风吹来，花瓣纷扬飘落，奢侈地铺了一地。许多豆科家族都喜欢开串串花，槐树也染此习性，上面的花还在开着，下面已结出串珠状肉质荚果。

"伏天的雨，锅里的米。"进入烧烤模式，地面烤得烫脚，午后至傍晚便常有雷阵雨过来拜访。由于降雨范围小，人们戏称"夏雨隔田埂"。雷阵雨极受水稻欢迎，每一次雨后，圩野都愈发青翠鲜碧，或许还有彩虹跨越，许多兴兴头头的黄颜色、红颜色蜻蜓从荷塘上点水而过，这叫"一天一个暴，睡在家里收稻"。

伏天饭食，清热败火是王道。以丝瓜或冬瓜加蚬子煮成乳白的一盆汤，微腥甜鲜，一气喝下一大碗，顿觉上下通透，周身清爽，可算得上一剂御暑凉药。

小暑

茉莉花烩豆腐也不错，葱花、姜末煸香，加适量盐、酱，同切成小块的豆腐一起烧开，放入十数朵半开的茉莉花，文火再炖一会，就清香四溢了。刚从塘里踩上来的身骨初起的花香藕，切片淋上蜂蜜，入口无渣，可作午间点心。晚上喝粥，讲究的人家用荷叶、绿豆、扁豆、薏米熬出来，一碟咸鸭蛋、一碗小咸鱼外加一碗炒辣椒瘪，晚蝉长鸣，许多蝙蝠在头顶上空飞来掠去，一家人坐在凉风习习的院子里，吸溜吸溜把一钵稀粥喝了个风卷残云。

小暑黄鳝赛人参，是说这时的黄鳝最滋补味美。捉鳝的法子很多，有在黄鳝夜晚出洞觅食时用火把照捕的，有用竹签穿上蚯蚓放入鳝笼埋到水田池沼边张捕的……最省事的是掏鳝。在田埂边搜得鳝洞，用手抠大入口，将一只脚伸进去前后抽动，往里鼓捣泥浆水。黄鳝受不了，从另一洞口逃出，只要看准了，伸出勾曲的中指，快速夹起放入篓子里。"秤杆黄鳝马蹄鳖"，是说鳖要吃小，而黄鳝得有大秤杆子粗肉才滋厚。黄鳝剖腹洗净，放石上砸成海带那般平展一片，切成寸段，下锅爆炝至乳白色汤汁收尽，加水，入板酱、水磨大椒、老蒜子、片姜，焖烧半个时辰，出锅前撒点葱花。虽是农家做法，却是十分有滋有味。

炎热的午后，当隆隆的雷声传到耳底，头顶已是阴云密布。劲风吹过来，能看到天空有好多鸟儿仄着翅膀急急地飞过。而翠鸟却仍如往常一动不动守在岸边。随着风浪渐大，游鱼激蹿到了水面。这时，翠鸟突然出动，石头一般砸进水里，激起一束水柱，旋即又钻出水面，嘴头上多了条白亮的小鱼。

"小暑一声雷，倒转做黄梅。"此前无雨，小暑后却暴雨连日不断，江河水涨，这通常就是摊上迟黄梅

小暑

121

了。若是夏至期间已然淹过一轮，房子都还没来得及晒干，天气忽然走回头，又逆袭一回跑进梅雨季，就是"倒黄梅"。

想那白素贞，春雨绵绵里，因着一把伞与许仙定情，又为他触犯天条，惹来小暑水漫金山。水高一尺，墙高一丈，也算是倒转了一回黄梅天。

大暑

背汗湿如泼
赤日炎蒸水落痕

大暑的起点，在 7 月 23 日前后，太阳到达黄经120°。

《月令七十二候集解》："六月中……暑，热也，就热之中分为大小，月初为小，月中为大，今则热气犹大也。"小暑小热，大暑大热，大暑正值中伏前后，戾气横生，火力全开，是一年中最虐人的时候。

就在此际，"吃新"的日子到了。"吃新"即吃新米，时在大暑前后一个辛卯日，由懂干支的人推算出来的。"吃新"分"掐新"和"满新"。"掐新"是指新稻尚未全部成熟，只在特早籼田里挑拣刚有点黄的穗头，剪回家捋下来搓成米，掺在陈米里煮饭。"满新"

是指新稻登场了，家家户户煮一锅新米饭，餐桌上除了鸡、肉、鱼、豆腐四碗菜，还要有空心菜和茄子、辣椒等时令蔬菜。祭过祖上，长辈上首而坐，一家人举杯同庆丰年到来。

新米尝过，就进入"双抢"大忙模式。早晨天麻麻亮下田，将稻割倒晒个把太阳，就拖了禾桶去掼。四个壮劳力各站一边，伸手接过由半大小子或女人小跑着抱来的稻铺把，挥臂掼向桶沿，一下一下，咚咚声不绝。桶里稻满，扒入箩内挑往晒场。堆尖的湿漉漉稻子朝地上一倒，被扬抛推散开来，随稻子而来的蚱蜢和甲虫，很快就蹦入边上的草丛里。阳光火辣辣倾泻下来，吸进脏腑的空气都是滚烫的，额头汗水淌得眼都睁不开，只有扯过搭在肩背上的毛巾使劲揩抹。稻一打完，跟后是灌水犁田、插秧，一环紧扣一环，必须在大暑至立秋前这段时日把活干完。犁田也要起早，乡人把启明星叫作"犁田星"，黎明前最黑暗时刻，

大 暑

一颗明亮的大星在天边升起，指引人们早起趁凉干活。

午间插秧，田里水跟煮沸了一样，热浪熏蒸，气都喘不过来。按讲，这时辰起点风或下场雨真是解脱，但"大暑怕雷公"，有时怕什么就来什么。通常是在半下昼时，天边堆起黑沉的铅云，树梢摇动，鸟儿仄翅疾飞，在田里干活的人拼命跑动起来。先要抢收场基上晒的稻子，用扬抛、木锨和刮板还有竹丝大扫帚把稻子拢到一起堆了起来，盖上草把子，边沿压实。雷声隆隆，天边越来越暗，一个大烟囱一样的黑柱从云团里伸了下来，旋转着，扭动着……是老龙在吊水了！瞬间天昏地暗，空气中充溢着浓烈的土腥味，杂草碎屑乱飞，树折了，墙倒了，屋顶掀了，盖在酱钵上的斗笠打着旋飞上天，鸡被刮上了树梢头，张开双翅不断翻着跟斗……直到大雨顷盆而下。

好在这样的雷暴雨来得快走得也快，待到云散天开，四野清新，西斜的太阳分外柔和，人们又回到田里抓紧干活。

雨后，草木叶尖挂着晶莹水珠，蜘蛛网也因为兜满细碎水珠而斜斜下坠。映着夕阳，癞葡萄藤蔓上，次第开出喇叭小黄花，吊着或青或黄的癞瓜。说它癞，一点都不夸张，但是剥开癞皮抠出血红果粒撂进嘴中，舌头抿掉籽核，留下果肉，甜润绵软。癞葡萄还有一个动人的名字：红姑娘。

盛夏里，晚饭都是在露天里吃。要是没有下过暴雨，就将一桶桶凉水泼到地上，热浪腾空而起，水马上被吸干，淡淡的湿痕里，热气倒是少了许多。

圩堤上总是最热闹的处所。太阳一落山，老人和小孩搭帮抬了竹床或卸了门板扛着凳椅来占场子。吃过晚饭，洗了澡，都集中到一块乘凉，顺手于上风处点燃一堆驱蚊的艾草或辣蓼。有迟来的人，手摇芭蕉扇，腋下挟一卷凉席，见缝插针，寻一块空当铺了席子仰身躺倒。最晚赶来总是那些中年妇人，她们要摸

大 暑

黑洗完锅碗、洗净晾好全家人衣衫,一切收拾停当,才拖着疲惫身躯走出火炉一样闷热的家门。

累了一天,男人们或坐或躺,嘴上烟火明灭闪烁,一边吹着凉爽河风,一边天南地北扯着九经。扯天气收成、扯道听途说的逸事,一些鬼怪狐狸精的传闻,也在此时登场,说话声里夹着扇子的拍打声。夏夜的故事车载斗量,如弓的残月带着风圈挂在西天。一颗流星划过,引得惊喊:"驰星了,驰星了!天上落颗星,地上死个人,不知谁上天了……"然后等待下一颗流星出现。

大暑到来,夜晚的天幕也成了真正的夏季星空。正北方一颗最闪亮的星星是北极星,在它左边不远处,有一个由七颗亮星组成的勺,就是北斗七星。由牛郎星沿银河南下,可找到人马座,其中的六颗星组成南斗六星,与北斗七星遥遥相对。北斗主死,南斗主生。南斗勺柄最高的一颗星叫天杀星,是将星,最低处一颗叫天府星,是令星,六颗星都是人马座成员。人马座是银河系中心的方向，星星密密麻麻，最为壮美。乡民们不称银河而叫"天河"，传说这是王母娘娘为阻止牛郎织女相会，从头上拔下玉簪一划而成。

碰到特别闷热的夜晚，一丝风没有，"火萤虫"曳着绿光在墨黑河面上飞来飞去，比往日里稠密。有人"哦嘘，哦嘘"打起唤雨口哨。小孩子跟着喊："扯豁了，打闪了，风来哟，雨来哟！"远远的天空果真连连打着豁闪，一扯一亮，但就是不到跟前来，这叫打干闪。并非所有的干闪都是一场空，有时，扯着扯着风就大起来，黑乎乎的树梢上下起伏，突然有人扯开嗓子喊赶快去场基上收稻子……青壮男子都奔跑起来，剩下老人小孩急忙收拾东西撤回家，顺便把院墙头上的酱钵子也盖严实。随着一声惊雷当头炸响，瓢泼大雨从天而降！

大月当空，这样的夜晚，再热都热不到哪去。河面上，夜渔的小船激起粼粼细浪，摇碎了水中月影。

大暑

小船行过，漾动的水面又复平如初。间或有几声狗叫从远处传来，幽静极了。圩畈里，青青的秧禾，幽幽的村林，都似罩着一层聚散缥缈的雾霭。

在夜晚的清凉与草木的气息里，竹床冰凉，身上没了黏黏汗液，摸上去润润滑滑。语声不闻，瞌睡虫早已爬上眼皮……艾草燃尽，天河移位，夜便深了。大人将小孩一个个叫醒回屋去睡，说是露水重了会害病。有人极不情愿地揉着惺忪的睡眼，趿拉着鞋，高一脚低一脚地走入家门，摸到热浪熏人、蚊子嗡嗡叫的房中，一头钻进厚厚的蚊帐里。而另一些人，则干脆睡在外面，不等天亮就下田干活。

大清早，留置在外的竹凉床上，有很浓的露水痕迹。

处暑
秋分
寒露
霜降
秋露
秋

立秋

云天收夏色
木叶动秋声

立秋在 8 月 8 日前后，太阳到达黄经 135°。

此时虽与夏天已悄然完成交接，但并不意味着真实的秋天已经到来。午后的天空仍在燃烧，太阳的每一根光线都放射着耀眼的热力，树在风中懒懒地摆动身子，热浪扑面，酷暑难当，一招一式犹着霸王鞭。

这是因为立秋处在高温火力最集中的中伏阶段，后余一个末伏，至少还要再热半个月。此即民间所谓"三伏带一秋，还有二十四个秋老虎"，"秋老虎，咬三口"，手里的扇子尚不能解职。只有等那日头的黄经走到该有的份上，身上能穿住里外两层衣，才是金秋的开始。

但是，立秋了，内心难免不透出隐隐欢愉：难熬的闷热就要过去，桑拿天不会太长，日子有盼头了。要是田里的秧苗没栽完，那得加紧赶。立秋十天分早晚，温差稍微拉开，午间热，汗湿衣裳，夜晚已能透出凉意。"苦热恨无行脚处，微凉喜到立秋时"，尽管"秋老虎"的威势在，气温总的趋势是逐渐走低。

田里活儿一刻没得轻松，立秋最初几日，是抢插双晚秋禾的收尾关口，迟插一天，就要少收一成。就算不看季节，秧苗在苗床上待久，根底长鼓起来，毛须细根闷烂了没法抓肥，如此老秧栽到田里，肯定要大减产甚至是绝收。也有实在忙不过来或是灌不到水才撂下的一两块荒田，几天一过，稻茬桩子透青，长出长短不齐新芽，不须照管一样能秀穗结实，就像女人，哪怕再矮小，到了年龄都能耸起两坨子

立秋

胸乳生儿育女。二生稻穗短小，产量极低，但出米白，俗称"秧薪米"，煮饭绵软柔韧，淡而回甜，米香悠扬不绝。

干活歇场时，近旁树荫下总是歇满人，抽点烟，喝点水，摘下头上草帽扇会子风。有人跳到荷塘里，水面莲蓬水底的藕，弄上来一大抱，大家一起分食。踩藕时，找到一片枯黄荷叶，顺梗朝下踩，功夫全在脚尖上，探到藕肠再用力往前拱，整串整串的藕便漂了上来。另有人钻进菜园搞来熟透的香瓜，一拳砸开，米黄的瓜子抠出撒在地头——相信没多少天，就长出藤蔓，待到开满朵朵小黄花，天已很凉了。

树枝头的蝉，犹在高调嘶鸣，竭尽职责。到了傍晚时，小绿蝉加入进来，"知了——""知了——"远远近近叫着，声音特别繁密。据说，要是日后有大风大雨，立秋这天稻田秧脚下的泥鳅会在水里古怪地立直。懵懂小孩听了大人唆使，会想法子抓来一条泥鳅放水盆里养着，试图瞧清这小东西与大风大雨到底有什么诡异联系。

立秋要吃鸡头菜。地里逢上秋旱，茄子辣椒多奄奄一息，连原先挂在树头上绿英苗条的丝瓜也蜷缩萎顿不成模样，筷头子只好朝水塘里伸去。鱼虾螺蚌菱莲之外，鸡头菜理当被推到前场。弄一张腰子盆下塘，看准那一张张霸气的大浮叶，先用绑在竹竿上的锯镰刀贴水面割掉，再伸向水底齐根割断叶柄。运气好，一刀同时割断好几根叶柄、花柄还有苞柄，因为它们都是中空有气囊，立马横着浮上水面。但这东西遍身是刺，怎么抓都扎手。

撕掉皮的鸡头菜折成寸段，用刀拍裂，腌制片刻，加入红辣椒丝一同爆炒，脆而爽口。焖烩出来，则柔绵绵、辣呵呵，最能下饭。要是入坛腌几日，抓到碗里，搁上水磨大椒、拍碎的老蒜子，淋几滴香油，直接放饭锅里蒸烂，吃稀饭最好了。鸡头苞抱团，在水下都是一窝一窝的，一棵根茎上长十多个苞，开紫蓝的花，花谢苞沉，水下结果，果若鸡头状，海绵质内腔包满豌豆大籽粒，嫩时鲜红，可以生食，老了，剥掉黑壳，里面的白米就是芡实。平日烧菜勾芡，勾的就是它的淀粉。《神农本草经》上说，吃芡实能耳目聪明。

长夏苦煞，割稻插秧抢收抢种，泥里来水里去，生活做得重，出汗多，睡觉少，吃饭少胃口，肯定消瘦了身子。立秋这天忙里偷闲称一称体重，与立夏时对比看看到底蚀去多少？村前大树下吊起一杆大秤，有人走过去，双手握紧秤钩，坠身收腿，此谓悬秤称人。大约人人都在做一道减法算式吧……好在秋风将起，胃口大开，多打点牙祭，把夏天的损失补回来，这就是"贴秋膘"。

很快便找到一个借口——过社日，以肉贴膘，大快朵颐。秋社是秋季祭祀土地菩萨的日子，年头"二月二"那回，是给土地菩萨过生日，这次叫"做社"或"做土地会"，也有的地方分别称作"春社"和"秋社"。晚稻秧全部插下田，农活轻松了，一个村子在一起，或出份子，或推选大户出头，或是几家排队轮值"做"。杀鸡宰鸭，用丝网和旋网从塘里打来一堆堆鱼虾，女人们都来帮厨，满村飘香，男女老幼挤满十几二十张桌。大盆大钵盛上的"漂鱼"是主打菜，豆腐千张继之，红烧肉压阵。"漂鱼"好做，把鱼剁块，加盐、酱、姜、蒜、生粉及水磨红辣椒等码上一个时辰，等锅里水沸倒下，待水再沸翻个身，搁上猪油、葱花即起锅，一盆盆腴嫩咸辣的"漂鱼"即可上桌。这样的农事酒席上，犁田佬总是和长者一起奉在上座，自古以来，深犁细耙一直被当

立秋

作做田的大事。众人一起吃肉，喝酒，直到傍晚"家家扶得醉人归"。

有婴儿和要断奶的孩子人家，趁机做点荷花糕。将籼、糯对比的米磨成粗粉，掺点糖，和水蒸熟，出了抹过油的模子，就是一块块一寸见方的荷花糕。婴孩饿了，拿一两块用热水泡成糊，一匙一匙喂下去。以后很长日子里，荷花糕就是他们的主食或辅食。脱了牙的老人则可以当成糕点，锁进柜子里慢慢享用。

"摸秋"的习俗也是由来已久。一群女人，乘着朦胧月色潜往园地里摘瓜摘果，在豆棚瓜架下，尽力闹出戏剧性高潮。偷来南瓜送给孕妇，谓"送子"——"南""男"同音，寓意祝愿生个男孩。若想生女，就去偷来状似蛾眉的"月亮菜"扁豆；偷到白扁豆者，那更是吉兆，象征着夫妻白头到老。更有人来点恶作剧，将带着泥水的南瓜塞入新妇床褥中，以此逗趣，主家亦不得恼怒。

事实上，不光是女人，从来就不安生的小孩子更是嬉乐的生力军，精力无比旺盛的年轻一族也趁机捞上一把，多是寻些毛豆、花生、六谷米（玉米棒子）之类，就地搂来干草，点一堆火，烧熟了，落进肚。有的烧成了焦枯炭，把嘴巴都吃得漆黑，但还是兴高采烈。这可是一个真实的狂欢时刻，已能触着夜晚的微凉，大家有的是力气，有的是起哄作乱、唯恐不乱的好心情……于是才一起涌向野地里，见着什么"摸"什么。

秋的首夜，竟如此闹腾。要是立秋正好迎面撞上七夕，除了碗水立影、穿针乞巧和看喜蛛结网外，更会多出些男女相守相望的爱情桥段。还有些少男少女迟迟不肯睡觉，躲在瓜架子下要偷听牛郎织女的情话。

立秋

141

"迢迢牵牛星，皎皎河汉女"，仰望夜空，渺渺茫茫的天河两岸，牛郎织女星遥遥相对，格外明亮。牛郎星与两颗小星星成一条直线，那是牛郎一担挑着他的两个小儿，附近是一口八角琉璃井，由八颗星联成，旁有一颗脱阵孤星，便是会面心切的牛郎在井边跑掉的那只鞋。

立秋逢七夕，相会在何期……天涯真的是一步之遥吗？能聚在一起，能相遇，就珍惜吧，在这个夜晚。

处暑

锦云织 更世事
指影看河灯

处暑，二十四节气中排位十四，交节时间点在 8 月 23 日前后，太阳到达黄经 150°。

　　很多人眼大漏光，不太在意这个节令，有点不解这样一个貌似入围暑夏的时段，怎么混迹在秋天呢……而且毫不犹豫将"处"读第四声。实际上，这两个字都念第三声 chǔshǔ，有点拗口。

　　《月令七十二候集解》："七月中，处，止也，暑气至此而止矣。"说得很清楚，"处"就是消隐、结束，处暑者，"出暑"也，暑热正式终结。

此时太阳正运行到了狮子座的轩辕十四星近旁。夜观天象，已有大星移位，北斗七星弯弯的斗柄，仍是指向西南方申位。俗语说的"争秋夺暑"，就是指立秋和处暑之间的牵连拉扯，推推搡搡。

　　处暑后有许多事要做，棉花要摘，芝麻要拔，但先要收麻。麻是苎麻，根似生姜，叶背白，又称白麻。家家田头地脚蓄有几丛，年年自生自长，秋天割了剥皮打绳，纳鞋底及捕鱼的卡子线也由其制成。剥麻时，在四脚朝天的长凳上绑一把锹，将麻秆贴紧锹口一折一按，剔去秆芯和表皮，麻就抽出来了。清洗过，还要拿棒槌敲软，晒干备用。麻收好了，要翻地种萝卜，"处暑萝卜白露菜"。萝卜的种子毛茸茸的，像扁虱虫，种到畦里，立即盖上灰土，不然就会被风吹走，或者被馋嘴的鸟雀啄吃了。从地里回家时，顺手将栽种在

处暑

屋前屋后的黄花菜将开未开的花苞采下来，投到沸水里焯一下，放簸箕里晾干了便唤作金针菜，串起来挂屋檐下，留待过年时炖鸡烧肉。

树上的皂角已饱满圆鼓，紫黑油亮，形如刀鞘，有风吹过，里面的籽粒敲打外壳，哗啦哗啦作响。虽然秋在名义上早已来临，但暑气只是稍减。"处暑处暑，热煞老鼠"，"大暑小暑不是暑，立秋处暑正当暑"，气候特点是午后闷热，早晚才有凉风吹拂。

田里要喝水，而且要喝许多水，就得动用龙骨大车。一队人抬着车筒、车梁来到水塘边。先用锹将地面铲平，挖出对接的龙口，做好车埠，架车，装车梁，再将连着龙骨的车拨页子沿车轮滚上去，两头连接上。然后有人脱衣下水，插好夹车杈棍，将半沉半浮的车筒下部架稳。接着再调试各部件的角度、距离，尤其是龙骨车榫、车页拨子与车梁齿轮的松紧关系。调试得差不多了，四人一齐攀上车架，八只脚飞快踩动柁棰脚蹬，节节关水页子，像一群列队的鸭子，咿呀不停地钻下翻上，将水打入窄长的水槽箱传送上来，哗哗淌向稻田四面八方。

熬过"双抢"，牛基本完成了当年的使命。午间热，就在水里泡着，或卧在树荫下嘴一咧一咧地反刍，早晚都放到河滩上吃草。放牛娃把牛绳往角上一盘，就不要管了，大家可以尽情地玩耍。地里有玉米和山芋，附近塘里有藕有菱角，树上有酸甜的野毛桃，想吃什么就弄什么。抓来了鱼，洗净，穿在树枝上放到火堆里烤，待烤出香气再撒点盐。吃饱喝足，就跑到坟滩边菜瓜地里逮蟋蟀，这里能碰到上等好虫，像蟹壳青、紫大头、红大牙，还有一种尾巴稍碰引草就唰地回头

处暑

亮牙的叫作"掸草回头"的家伙，个个不顾死活，能征惯战。黄昏时，草丛里飞出许多细黑的小蠓虫专门追着人叮咬吸血，再就是很大的像苍蝇的一种牛虻，既叮牛也叮人。

无论是菜瓜、香瓜还是西瓜，都已走完了一世路径。它们的种子，与草木灰一起加水拌和，做成一个个灰饼，贴到墙上，自然干燥后，防虫，防霉，老鼠也吃不到。再过若干时日，茄子、辣椒的种子也来享受同样待遇。

这个时候的田间地头，田旋花忽然多了起来。田旋花和打碗花长得最相似，说不清谁在模仿谁，花瓣都是五瓣，叶子底部的筋纹也是五条……但田旋花是旋转着展开自己小小的喇叭裙，花筒上有平行旋扭在一起的五条深色的肋，好像收拢的伞褶一般；开花的时候，花蕾先从上边松口，然后旋转着释放被折叠的花瓣。其实，这两种花还是好区分的，它们虽然都长着带长裂的戟形叶，但田旋花的喇叭裙有粉红、淡粉或红白相间的多种颜色，而打碗花只奉行清心寡欲的浅蓝一色。

在圩野里干活，常能看到一只沉思的大鸟，蜷缩一只脚，做金鸡独立状立于沟港河汊边，这就是青桩。它体形巨大，有半人高，比其他白色和灰褐鹭鸟大许多，立着的时候，翅膀收拢，是青灰色的，只有飞起来之后，才会露出里面的白衣羽。青桩飞行姿势优雅，负着瓦蓝的天空，沉静有力地拍扇着翅膀，飞向山影连绵的远方。

毕竟，处暑是秋的一个关口。"立秋十八盆，河里断了洗澡人。"立秋后，每天洗一盆水的澡，过了

处暑

十八天，进了处暑，往白露那里去，就很少看到有人下河洗冷水澡了。河湾处浅水中，长着许多暗红的水蜡烛，有蜻蜓和黑衣的豆娘歇落在上面。远处，一条乌篷船拖着个蚌壳一般的小划子在水面漂荡，或是捕鱼或是捞虾。

北边冷空气跃跃欲试，开始出拳出脚。夏季称雄的热浪，再怎样心有不甘，也是大势已去，只得让出主导权，缓步后撤，往南退去。双季晚稻正在发棵，快要孕穗扬花；单季晚稻都是些大高个身架，穗头已初沉，在田里成大弓腰状，只要不倒伏就是丰产。雨毕竟是金贵的，一场秋雨一场寒，趁着地湿，荞麦要下种了。田畈里的绿，已不像夏季那样鲜亮、柔嫩和透明，而是显出了几分厚实、柔韧和老练。

"七月八月看巧云。"特别是雨后放晴的傍晚，水汽蒸发上升，形成满天的巧云，边界清晰诡奇，足够你张开想象的翅膀，将它们认作一个个动物、一棵棵植物。那些重重叠叠堆耸的云头，更是腾挪延展，群峰起伏，变化万端，时而成苍狗，时而成怒马，时而成魔鬼巨兽……不用买票，人人都可以抬头观看。巧云又和彩云分不开，当夕阳下坠之时，红光迸溅，折射出一大片奇幻亮色。据说织女在天上就是纺织彩云的，这个季节，她会把最美的云锦铺展出来。天渐渐地黑下去，纯蓝的夜空上，隐隐闪烁着群星的光芒，而在西天，仍有稀稀淡淡的几抹云锦飘浮着。

看彩云、巧云时，爱美的姑娘们会悄悄采来凤仙花，剔除掉花心里的白络，伴上少许明矾捣成猩红花泥，敷在指甲上，再裹一层叶片用布包扎好。隔夜至晨，除去花泥，争比谁的十指蔻丹鲜艳俏丽。要是正好看

处暑

到一旁摇篮里睡个娃娃，就把未干的汁水涂在两边小脸蛋上，弄得那两腮鲜红的娃娃像是睡在年画里一样。据说，凡是长着凤仙花的篱边墙根下，蛇虫百足不至。其熟透的种子最有趣，伸手轻轻一碰，啪一下弹射老远，像打枪一样。

处暑后有个"七月半"，七月十五月亮最圆的那晚，是鬼节——老辈人又称"中元节"（因为上头顶着个正月十五"上元节"，下面踩着个十月十五"下元节"），心里会有一丝莫名的害怕与兴奋，生怕在哪里撞见孤魂野鬼。白天多有人家上坟、葬柩，拣取尸骨（俗谓"拣精"）易地安葬。就算这些事一样摊不上，也要把祖宗的鬼魂接回家来，叫作接祖，家家都准备了一桌饭菜和酒，可借着鬼神名义谋一下口福。

天一擦黑，有小孩子点着艾草火把，在村前的小路上来回疯跑，嘴里大声念着："七月半，鬼打转……"声音传到圩埂上、树林子里时，会产生回声，像是被什么人接住又扔回来。堤脚水塘那里，有三三两两烧冥纸、金银锭和纸马的火堆，红红的火苗印着一张张肃穆的脸。先祖自然不可在家久留，送祖时，送到村口大路或是水边，插一炷香，磕两个头，就算别过，再往前便是阴阳异途。

有人在河边放下一盏纸扎的荷花小灯，点亮后让其随水漂淌。还有人往蛋壳里倒点菜油，搁进一根草捻，做成河灯拿到水边放。照老人说的，这都是"放焰口"，超度溺死孤魂。做这些事时，千万别乱脱乱丢衣物，否则肯定会被某鬼拿过去穿一下，并在衣物上留下不祥气味。月亮升高了，点点河灯漂浮在洒满清辉的水面上，往河流下游淌去……渐渐地，

处暑

烧冥纸和放河灯人都消失不见，月亮底下一下子变得空旷无比。

风，会在这个时候吹过来，真实版的秋，跟在这一夜后面悄悄来到了。

要是碰上了闰七月，不单能过两个鬼节，还要安排做"盂兰会"，搭台唱目莲戏。"三本三开台"，全剧一百七十二折，分人戏、社戏、鬼戏三种，连演数昼夜。独脚莲花戏台上，有牛头马面，有阎罗小鬼，有戴着高高纸帽子的黑无常和白无常，一起在夺目灿亮的光彩里蹦来跳去……

人与鬼，不知谁更乐？

白露

清风吹枕席
今宵寒较昨宵多

清雅静美，名称好听的白露，9 月 8 日左右到来，太阳到达黄经 165°。

气温下降，天气初肃。如果说立秋时天气仍是热浪汹涌，白露则是缓缓迈入仲秋，夜晚很有些凉意，草木叶子上开始有白白的露水。

有人用"百里挑一"打一节气词语，谜底嘛，是"白露"。"百"挑去上面一横，"露"出来的就是"白"了。但这只是露白，而非白露。白露勿露身，赤膊不可再打了，以免着凉，尤其是在夜晚。

秋天带着落叶的声音来了，早晨像露珠一样新鲜。

《月令七十二候集解》中说："八月节……阴气渐重，露凝而白也。"古人于四季中增添一季"长夏"，以五时配五行，秋属金，金色白，故以白形容秋露，而露珠确是白耀亮眼的。

有《白露》诗云："衰荷滚玉闪晶光，一夜西风一夜凉。"早起时，草叶尖上满是晶亮的露珠。夏天早晨也有露水，但没有秋天这般重。昼热夜凉，温差大，悬于空气中的细小水滴就会在近地的草丛、树叶或花朵上凝聚、闪烁。如果它们一直飘悬空中，那就是雾了，雾和露是亲戚。所谓白露横江，就是白茫茫的雾气横贯在江面上。

初秋头上，蒸发量大，要是再遇上干旱，农作物被晒得蔫头耷脑，卷缩发干，只有夜间得了露水滋润，叶子才又恢复原状。这样的露，自然就被称作"甘露"了。露水愈重，则晚稻收成愈好。

白露

157

露珠闪闪眨眼的早晨，无人的林子里，远处淙淙的水声仿若空谷足音。鸭跖草从叶腋下静静抽出长柄小蓝花，三片花瓣，两大一小，上方两片颜色深蓝，像刚从染缸里浸出来，下方花瓣浅白，花蕊金黄，还顶着小巧十字状黄药粉……总的来说，幽蓝的花都见不得阳光，早上的花，其实都是从暗夜里戴露开过来的。晨间去菜地里或田埂上走一趟，露湿的裤脚会滴出水，那些藏着掖着的肥厚的毛芋的叶子更像是水洗过一样。

　　就像有些心事，只有自己能懂，却不能吐露一样，该遮掩还须遮掩。一连好多个"半截天"，早晨日出晴好，然后大半个上午仿佛蒙了层厚布幔，到中午太阳一准露面，光照触底反弹，炽热依旧。半截阴半截晴，被称作"秋半天"。

　　下晚时要早点收衣，再无人在户外晾东西过夜了。夜晚行路行到更深，往头上摸一把，湿漉漉的，有人便喊"下露了，下露了"。待到日出后，温度升高，露就蒸发了。一段情缘一颗露，缘起而聚，缘尽而散……白露含秋，晶莹珠露，内心剔透，折射出诗意的韵味。

黄昏后，孤傲的大火星渐渐往偏西方向退去，老天早已在退烧。清风袭来，身上每个毛孔都纳入凉爽。"蒹葭苍苍，白露为霜"，"遍渚芦先白，沾篱菊自黄"……有一个叫刘翰的宋朝人写下一首诗："乳鸦啼散玉屏空，一枕新凉一扇风。睡起秋声无觅处，满阶梧叶月明中。"吟诵起这样的诗句，人也有了草木的性情。

对凉意最为敏感的是梧桐，秋天稍往深处去一点，它便开始落叶，由物象向品格过渡，"梧桐一叶落，天下尽知秋"。在古诗词中，梧桐出现的频率是很高的，一片梧叶一片秋，它总是与人们的情感起伏紧密相连。地里的芝麻低着花白的头，大阵的鸟群在炊烟里聚拢，似要讨论如何上路的事。稻田里再耘过一次，薅草刮子就要退出季节，挂上墙头了。"处暑种荞，白露看苗"，打窨点籽，依时而行……白露以后的物事，似乎变得经久练达，变得滋味悠长。

秋风起，蓼花红，蓼子穗头无数细小花苞聚在一起，红中带白，似花，又似染色的小米粒。老辈子训诫晚辈勤劳耕作常挂嘴边一句话，便是"楝树开花你不做，蓼子开花把脚跺"。楝树初夏开出紫蓝细碎的花，正是点瓜种豆、插秧耘田的好当口，要是那时偷懒，你误地一时，地误你一年。到眼下这蓼花红遍时节，只有跺脚喊皇天的份儿了。

一场淅淅沥沥的雨不期而至，轻轻挥舞薄如蝉翼的衣袖，温柔细腻地触摸着秋的肌肤。没有多少刻意，却是特别体贴，一点点把日子拽向深处。

板栗开始成熟了，爆裂开来掉了满地，女人领着孩子提了篮筐在下面捡拾。捡完了，就坐在树荫下手捏半块瓦片刮一堆生姜。刮完一小堆，听着叭啦叭啦掉落声就再去捡，捡过一遍仍回来坐下刮生姜。生姜刚从地里挖来，已在水中洗得白嫩白嫩的，像孩子和姑娘的手指，所以又称"芽姜"。待把外面那层红红白白的表皮刮尽，放入糖醋水中浸泡，不出十天半月就能品尝了，晨间佐茶吃上几片，尤能令人身心为之一快。若是时日延后再老一些的姜，打弄干净，晒干瘪了放盐腌，或丢进腌辣椒坛里泡出来，虽多些筋筋拽拽，却是极能开胃下饭的好东西。

早些年，凡建有禹王宫的地方，白露这天是要举办活动的。不知从何时起，又把一个叫张巡的人奉为治水英雄，再升级成"水路菩萨"，每年清明、白露

白露

两祭。唱大戏做庙会酬神也酬人，热闹非凡，年长者围坐一起喝白露酒，吃白露茶。民间的习俗尤其多，还要连带酬祭一下土地菩萨、花神、蚕花娘娘，挨个捋一遍，看起来就像是顺水人情。要是中秋节位置大提前，与白露巧相逢，那就要一连唱好多天大戏。

戏台多数搭在村口老槐树下或一片旷野里，要是搭在水面上，看戏的站累了就坐在埂坡上看。戏台两边吊着煞亮的汽灯，水面也映亮一大片，戏台上人物就像在仙境里飘来飘去。距离戏台稍远的暖亮的马灯光影里，都是卖小吃的，炸腰子饼的，卖麻饼、杠子糖和麻花馓子的。下汤圆的担子一头是炉子和锅，一头则装着汤圆粉和酒酿钵子以及一摞蓝花小瓷碗。有人只要两个装了芝麻猪油馅的大汤圆，汤圆入水，翻两滚后挖一勺酒酿放入，再放"水子"——一种比黄豆稍大的粉团，即"汤圆酒酿"。馄饨多是现包现下，包馄饨手法极快，左手托皮子，右手小竹棒挑点肉糜往上一抹，手指捏着一窝，扔到一旁。再看这边锅里，水滚馄饨浮上，反复几次，能看到馅心的一面朝上，几分钟光景，一大碗热气腾腾、汤波荡漾的馄饨就下好了。这种皮子薄到透明的小馄饨，只须喋吸，入口即化，不仅用来充饥，更是助兴的。

不光看戏的，唱戏的人也会带妆过来垫一垫肚子，吃东西时都喋着口，翘起兰花指，小心翼翼，生怕弄坏了妆容。有时，正本大戏唱完，夜已深，人们还不肯离去，一齐叫喊"再来一本，再来一本"。唱戏的人不好拂了盛情，于是推出"侧戏"，什么《夫妻观灯》《打猪草》《讨学钱》等。虽是小菜一碟，却也情趣横生，引得众人一阵阵叫好，又过了一把戏瘾。

有意思的是，这还是个古人的放鸟日。因"白露"谐音"白鹭"，可知放飞的就是鹭鸟。文人性雅，做

白露

事出格，特别是那类满腹经纶的山林遁世之士，尤喜驯养身姿卓白的大鸟。这一天带到野外，先搞一个仪式，然后放飞。有的鸟在空中兜几圈，仍旧回到主人身边，有的鸟则一声唳鸣振翅飞往天尽头。到底飞哪里去了，只有天晓得。

古人眼里，"鹭""鹤"难分，鹤多见于北方，而"漠漠水田飞白鹭"则是经典的江南图景。太多的牛背鹭永远是这里的土著，这是唯一一种不吃鱼的鹭鸟。它们时而盘旋在水田湿地上方，或停落在沼泽草丛里，时而又结队飞入树林，翩跹起舞，悠然自得。到了这个季节，秋风染尽三千顷，白鹭飞来塘边好觅食。

沼泽里长满高过人头的茭瓜（茭白）草，它们和稻麦一家亲，都归属禾本科，根系在水底错综纠缠，颇有浮力，称"茭瓜墩子"，那正是白鹭歇脚的好地方。到了中秋边，茭瓜一支接一支孕成，叶鞘和叶片的交接点露出带状白斑，称为"菱瓜眼"。根据其膨胀程度，可知老嫩内幕，或是立即剥了生吃，或是带回家红焖烧肉和做成一盘菱瓜毛豆肉丁辣酱。"野沼秋风起，芎菱可取尝"，写下这两句诗的乾隆倒是一个不缺江湖味的人。

村前村后，每一口水塘都挤满了菱角菜，像是铺了碧油油的绿毯子，上面跳动着许多小绿蛙，还有水蜻蜓、水蜘蛛，正好做了不吃鱼的鹭鸟们的点心。一塘菱角菜，都是根茎相连，只要挪来一棵，就能将一大片菱角菜缓悠悠拖到面前。菱角对生，抓起菱盘，摘下一菱，对应的那边一定还有两到三个。要是碰到一塘上好品种的水红菱，尽管吃个够，还可以摘下头上草帽装满带回去慢慢享受。当然，挑的都是花一般红艳的嫩菱，水灵甜润，壳又好剥，入口几乎无渣。采菱的姑娘坐在窄窄腰子盆里，边采边唱："姐姐家在菱塘旁，满塘菱角放清香，菱角本是姐家种，任哥摘来任哥尝……"

傍晚，家家都飘出焖菱角的香味。腾腾热汽中，揭去盖在菱锅上的大荷叶，一家人——有时也有串门的邻人，一片咔嚓、咔嚓声响，便开始了菱角代饭的晚餐。上年纪人牙口不好，就拿菜刀剖开剜出两半白仁……吃饱了，站起来拍打拍打衣襟上的粉末，客人拉开门走进浓浓月色里，家里女人则忙着打扫满地的菱壳。

圩乡叫莲的女孩多，叫菱的女孩也多，红菱、秋菱、香菱……喊起来声音相近，有时你分不清哪一声是"莲"哪一声是"菱"。

露从今夜白，月是故乡明啊。

秋分

冰轮巡天际
应知今夕是何夕

不知是一场雨还是别的什么，就把秋天分了。秋分，二十四节气中第十六个节气，交点时间为 9 月 23 日前后，太阳到达黄经 180°。

　　秋季自立秋始，到霜降止，秋分正好居中，一肩担两头。《月令七十二候集解》："分者平也，此当九十日之半，故谓之分。"春分秋分，昼夜平分，与春分一样，一天时辰昼夜均分，各十二个小时。

　　在古人那里，春分、夏至、秋分、冬至，都是四季居中的几个内涵丰盈的大节。每个对应的时日里，天子要亲率群臣到野外祭日、祭地、祭月和祭天，跪拜祝祷，巡田问苗，饮宴卜岁，一桩桩做下来哪个都不能少。那时祭月节定在秋分，不过这一天在农历八月里的日子每年行踪游疑，不一定都有圆月朗朗。而祭月看不到最好的月亮，岂不大煞风景？后来，才将中秋提升上来做了祭月节。

到了秋分，就不打雷了，小虫子开始思谋如何钻进泥土，筑自己冬眠的窝。北地的冷风，从天空某一角落里探出头笑了。床上凉席早已抽去，换上薄被。这一天，照旧有人耐着性子继续做竖蛋试验，和半年前春分时玩的一样：拿来一个鸡蛋，屏气凝神在桌子上把它竖起来。大家嘻嘻哈哈，你也来试我也来试……美好的一天，就从鸡蛋开始。

乡村很有些清秋的味道了。清晨，草地上缀满晶晶珠露，踩过后会留下一行鲜青的脚印。双季晚稻正抽穗扬花，有的已灌浆勾头，这是产量形成的关键时期。如果穗头都还孕在叶鞘里出不来，这块田就没指望了，"秋分不露头，割了喂老牛"。单季晚稻已收割，抢晴耕翻土地，再用锄头细细整理。一锄用力勾起坷垃，一锄轻轻敲碎，左一锄，右一锄，两锄刚好是畦子的宽度。一条条畦子捞起来，适时泼撒腐熟的人畜粪和草木灰作基肥，准备播种油菜、麦子。新翻的泥土潮润黝黑，像浸了油，有一股沉郁的芳香。

日光夜色两均长，秋分时节加紧忙……荏苒相接的农事，被节气打磨得无比匀净清爽，就像这一条条称心贴意的畦子一样。

遍地桂花开放，空气中弥漫着甜润的醇香。桂花很小，小到只有半粒稗壳大，四片厚瓣围着几丝细蕊，初开时嫩黄，以后逐变为金黄。数十朵这样的小花，成丛成簇聚生于叶腋间，静静地开，悄悄地落。有人在树下铺两条被单，再拿竹竿轻拍慢打，不多时就能收获一筲箕落花。用蜜糖腌渍起来，就成糖桂花，搓元宵、蒸枣团时，馅里只须加一点，便满口甜香。

过中秋节是一桩大事。八月望日，正当三秋之中，"年怕中秋月怕半"，这是对时光荏苒的感叹。但是，当这个盼望已久的喜庆团圆日子到来，人们还是从心底透着兴奋。单季晚稻已收获归仓，新酿的"中秋糯""白壳糯"米酒醇香四溢，亲朋好友互赠月饼、桂花糕、鸡和鱼还有肋条肉以及挂面等礼物，以示祝贺。桂花飘香之时，鸭子正肥，无论红烧还是炖汤煲芋艿皆美不可言，为中秋节头道招牌菜。端午"过"中上，中秋"过"晚上，"过"的乃口腹之瘾。月到中秋分外明，皓月当空，清辉洒满人间，在月光最好的院子里摆上切好的月饼和花生、栗子、石榴、雪梨、菱角……边吃边聊天赏月。家里要是有人在外未归，必须放盘糖桂花藕，既为应时果品，也是取游子和家人藕断丝连之意。老话有"男不拜月，女不祭灶"之说，祭月、拜月都没见过，倒是见过"走月"：一群呼朋邀伴的女人，乘着溶溶月色外出游走，上西村，去东村，一路闹腾，一路笑语不断，比出门看大戏还有兴头。

秋分

这以后，都是一连串晴空万里的日子，要不怎么叫"秋高气爽"呢？抬头看看气象阔大的天空，白云悠悠飘浮，不时飞过成群结队的鸟儿，一会儿俯冲过来，一会儿转身高扬而去。蝉鸣犹在，不过已是秋声了。这不再是先前高枝上长声嘶鸣的黑大个，而是换成一种性喜低树的娇小玲珑灰绿色的蝉，一扬一挫的"吱——吁""吱——吁"声，都是在傍晚时叫响，也就成了名副其实的晚蝉，出现在古人的诗里便是寒蝉。

　　天黑后，轮到夜虫开唱了。月隐星淡，周遭虫子清唱此起彼伏，越发地送来清凉。"唧唧唧，叫叫鸡，丝瓜架，扁豆篱。一更叫到五更止，声声叫唤勤快些……"叫叫鸡就是纺织娘，也称纺织婆。通体翠绿，像一个侧扁的豆荚，因为头较小，肚子就显得特别大。天稍一放黑影，纺织娘就叫起来，"唧唧——唧唧"，"轧织——轧织"，很像谁家院落里织布机响。要是有许多只虫子一齐叫，如潮声一片，让人感到的确到了织寒衣的时候。

捉纺织娘，事先准备好篾编小笼。天黑透后，在爬满瓜蔓和扁豆藤的篱笆架上，听到虫子叫，打亮电筒循声照过去，很容易就找到了目标。能清楚看到它一边鸣叫，一边抖动一对长须和薄而透明的翅翼，有时还会露出里面白纱一样的内翅。因为只顾鸣叫，动作就比较迟缓笨拙，受惊扰也不飞，只轻轻地跳开，然后继续鸣叫。不过抓捕时要注意，它的两条细长后腿很脆弱，下手鲁莽了，很容易将其碰断。在草丛里钻来钻去时裤腿和衣袖常粘上"臭花娘娘"——为一种臭同"香花娘娘"骚板虫不相上下的野草种子，像胡萝卜籽那样带一圈勾刺，极难缠。要边拍边念叨"臭花娘娘快下来，臭花娘娘快下来"，旁边人也齐声帮腔。要是再拍不下来，大家就喊"臭花娘娘你家着火了，快回去救火哇……"，上下其手，一阵拍打，终于把身上弄干净。

秋分

次日一早，把小笼子托在掌心里，看着里面肥肥绿绿时不时叫上几声的虫子，煞是开心。纺织娘最爱吃丝瓜花，还有就是红辣椒，嫩嫩的玉米粒也为它所爱。当它在胖臌臌的青毛豆上啃出一个小小残缺时，太阳升高了。纺织娘似乎没什么心数，只要喂饱了就特别爱叫，白天也叫，似要不负一世韶光……随着头上那两根黄褐细长的触须上下抖动，声音显得嘹亮而兴奋。

　　又一个暮色降临，天井上方的星星初现，朦胧的老屋里飘浮起一片"轧织——轧织"的叫声，特别有着神秘色彩。

　　虫声横秋夜，一夜冷一夜。连晴之后，又落了一场雨，秋便往深处去了。

寒露

今夜露凝寒
素衣莫起风尘叹

寒露在二十四节气中排列十七，于 10 月 8 日或 9 日交节，太阳到达黄经 195°。从白露到寒露，正好一个月。

寒露是一个成熟而内敛的节气，此时已褪尽了夏的喧嚣和聒噪。《月令七十二候集解》："九月节，露气寒冷，将凝结也。"寒露的气温，比白露时更低，地面露水更多，触手寒凉，快要凝结成霜了。

古人特别喜欢用露水来表示秋的深浅。这一天，看到露水浓重的海滩上突然出现很多土黄色蛤蜊，而此前成群飞往大海、在海面上盘旋的黄雀都集体迷失不见了，便以为黄雀都变成了黄蛤，因为它们身上都留有相同的条纹斑。"雀入大海为蛤"，"雉入大水为蜃"，飞物化为潜物，究竟是古人思稚见拙呢，还是对"归隐田园"的一种超级隐喻？

在这个时候，连通长江的小河里会进来许多捞蚬子的小船。船尾都拖着一张铁制的勺型蚬网，在有沙的河段里慢慢贴着河底往前抄行，隔一段，起一下网。有时船会在某一处河湾泊下，下来一两个打赤膊的人，端个铁畚箕样的物件，像淘金沙那样一畚箕一畚箕地淘漉着只有蚕豆那么大的河蚬。他们忽而弯腰，忽而挺身，在波光粼粼的水面上辛苦劳作，一兜兜的蚬子倒入船舱，再装进半人高的竹篓中。当地人都认为这些下江佬是为了得到蚬壳运回去做纽扣，没有谁相信这么多的蚬子肉会卖得出去。哪里不长蚬，为了吃点蚬肉，至于如此一番折腾吗？

稻田在抽沟排水，紫云英细细小小的黄绿色腰子状种子，被均匀地撒到即将收割的稻棵脚下。它们新生的小苗看上去那么柔弱，却特别皮实，再怎样踩踏、辗轧，也影响不了明年开春后长成红到天边的壮观花海。

走在树下和林子里，再也听不到蝉声了，落叶如蝶，间或能看到蚂蚁在啃拖甲虫的尸体。"七月枣，八月梨，九月柿子红了皮。"风在这个时候最宜人，风里满是黄豆的味道、红辣椒的味道、鲜花生的味道，还有河滩地里一垄垄山芋的味道。篱边墙脚的鸡冠花，顶着通红的穗状花序，肉乎乎的，扁平而厚软，像盛装的鸟冠，又像倒呈的扫帚。这是一年中极好的时光，神清气爽，精力充沛，是该额外加紧做点什么。

九九重阳节也在这前后，不冷不热的天，十分适合户外活动。重阳的习俗也成了寒露节气的习俗，比如赏菊、喝菊花酒等。阳光煦煦，花儿盈盈……秋天的花草，总是能寄托一些抒之不尽的情怀。九九登高，还要吃花糕，"高"与"糕"谐音，寓意"步步高升"。

问题是登高望远了，不由得想念故园亲人。在这一天里，有一个叫王维的十七岁少年，一不小心就将思乡怀亲之情吟成了千古名句："独在异乡为异客，每逢佳节倍思亲。"远远想到兄弟们身佩茱萸登上高处，他们会因为少我一人而起怅惘之叹吗？

古时有文化人多不愿待在家，总是在路上，湿衣愁雨，小酒两杯苍茫，留下了太多跑路的诗词文章。一枕山水半枕黄粱，除了为功名外，还有就是游学交

寒露

179

友侃大山。人在他乡，就算回一趟家，菊花酒喝过，还是要上路的。"醉后著鞭去，梅山道路长。"长长的梅山道路旁，隔着红尘的距离，有位老婆婆坐在门前小凳上，抓一把扁豆在手，一掐一拉，撕去弓弦和弓背处两根经络，折成几截丢入筐箩里。一只麻栗色猫卧在脚下，还有几只鸡在开满扁豆花的篱笆下钻来钻去，扒挠落叶觅食。为什么扁豆总是和篱笆和乡愁结缘深深？在江南，等候他们最多的，将是走不尽的石拱桥，有山区厚墩和平地薄墩的，有单拱和多拱的，有带分水尖的和不带分水尖的……不一而足，一律生满绿苔，翠萝披拂。"远忆天边弟，曾从此路行。"这样的桥，你加盖过脚印，他加盖过脚印，古人加盖过，后人仍将加盖，一路盖下去的脚印，缠绕青山峡谷。

野菊花遍地开放，早晨的河水泛着些许苍凉。秋天里在外行走，碰到最多的就是菊科的花儿，它们热热闹闹地一路陪伴。菊花脑、黄鹌菜、百日草、绒毛草，还有雏菊，植株高高矮矮，有的热烈昂扬，有的温柔乖巧。近水湿地聚族而居的野芹，白花花一片，绿茎顶梢皆擎一枝伞状花，看起来很有点寒门名士根基，却又近乎全是一个模子刻出来的。要是移步过去凑近细看，会闻到一股微酸的类似话梅糖的味道，吸引许多蜜蜂和黑衣的豆娘飞来飞去。有时走在山道上，沿途也有它们的踪迹，只不过稀稀疏疏，是少许落单的野芹在齐腰深的草丛里努力举着伞花，那种清明、清透的白，衬托着荒野异常岑寂。山一程，水一程，要是走到一处开满簇簇红蓼花的渡口，夕阳映着飘絮的芦花，羁旅乡愁，不会被拉得韧长韧长？

而在另一些平缓的村道上，或许会碰上赶鸭人。

寒露

181

浩浩荡荡的鸭群，嘎嘎叫着，在两三个赶鸭人长长的鸭竿驱使下，迈着摇摇晃晃的步子，逢水过水，遇坎过坎，在秋后收割过的原野上，捡些剩禾残粒，呷些沟塘浅水里螺虾，一路啄食而行。那顶端绑一把破芭蕉扇的长竹竿，仿佛具有神奇的魔力，往东一指，散开鸭群，朝西一挥，收缩阵形……时而喝口一声呼唤，无论因贪食而落伍者，还是自由散漫不愿受约束者，皆听话地挤入行进队列。

走到哪里便在哪里歇，有时在水塘边，有时就在一片花香正浓的桂花林里。把鸭群安顿下来，赶鸭人在近旁挖个小小灶洞，放上小锅，捡些柴草，生火做饭。过后，就在地头抱点稻草铺身下，和衣而眠。露冷夜寒，无衣可添，还要半睁眼留神鸭群。东山尖，月亮像一张饼，上面撒着芝麻……这样昼行夜宿走上十天半月，来到南京城郊，早已有收鸭人在等候了，过完数交到人家手中，就算完成使命。

这些鸭子最后的归宿，都做成著名的金陵盐水鸭。盐水鸭皮白肉嫩，肥而不腻，香美透鲜。跑过路练过脚力的鸭卤出来，肉质结实微红，色味尤佳。正宗吃口，一定得讲究那股子鲜味和略带弹口的咬劲。哪怕啃着鸭脖子骨头缝里的肉，也是一丝丝很容易进嘴，连肉带汁水吮咂得透鲜。说是神仙口福也好，出神入化灶卤玄机也好，最出彩的，除了鸭肉肥美之外，还有缕缕桂花芳香。所以在南京、芜湖两地，盐水鸭又称桂花鸭。

黄叶飘飘，金风送爽。盐水鸭常年有，而桂花鸭只在此际。

不过，若论朵颐称快，不知这金陵的桂花鸭可攀

寒露

183

比得上吴江的莼羹鲈脍？放纵不拘的晋人张季鹰，在那个遥远深秋里，忽然思念起家乡的鲈鱼脍，随口便吟道："秋风起兮木叶飞，吴江水兮鲈正肥；三千里兮家未归，恨难禁兮仰天悲。"这个真正的吃货老饕，到底还是熬不住，也不怕声誉陷入危机，脚底一抹油，哒，官不做了，回乡吃鲈鱼解馋去！

　　秋风落叶，水清沙白，最易勾起口腹之思啊。

霜 降

持螯天地肃
愿君多珍重

霜降，在 10 月 23 日或 24 日来临，太阳到达黄经 210°。

再过半个月，冬天就在路口那端拱手相迎了。所谓"露水先白而后寒"，一路走来，初秋版的露水，已转为"白露为霜"的透心凉了。随着寒凉的进一步渗透，万物逐渐萧索，秋天最后一个节气就要被打发了。

《诗经》中有"七月流火，九月授衣"之句，意思是到了农历九月，天气慢慢转凉，为了抵御寒气，需要添加衣裳。古人曾由寒衣节导出为亡者祭扫的授衣节，慎终追远，生死同等，一并慰问和缅怀……现在想想，那是多么暖心的充满人文关怀的习俗呵！

露凝霜华，霜和露一样，也都是出现于天气晴朗、无风或微风的夜晚。有时，在上半夜形成了露，下半夜温度持续走低，就升级成了霜。风清月朗的时候，树林子里宿满白鹭，隔水望去，就像落下厚重的霜雪。黎明前，能听到空中雁鸣之声，雁儿脚下带霜来。事实上，在江南，不过了立冬，很难见到霜。但在清早，能看到河面上飘散着一阵阵白烟水汽。水汽之上，有白色的鸟在展翅飞翔。

太阳升高，走在河堤上，感觉这个季节的风景就是油画里的风景。似乎在一夜之间，广袤大地变幻成满眼金黄。堤埂两边是村林、菜地、河滩和野草甸，挂满枝头的柿子，日渐红透，飘散出诱人的醇甜味。几棵国槐，枝梢下面垂挂着一嘟噜一嘟噜黄绿色肉质

霜　降

荚果，串珠状，有手指长短。能够看见彩蝶飘飞，它们好生珍惜生命里最后时光。

金龟子很皮实，它们对季节变化不太敏感，还是同夏天那般模样憨态可掬，铜绿色的外壳，在阳光下晃动着一如既往的亮眼的光泽。要是将一只金龟子翻转过来背朝下仰躺在地上，它会焦急地干蹬六条小细腿，努力挣扎着。捡一片树叶搁在那乱蹬乱刨的脚上，它便舞得树叶直打转，如一个蹬伞的杂技演员。终于努力有了回报，它有如神助一个打挺翻过身来，迟疑片刻，展开翅膀嗡一声腾空飞起，越飞越远，很快消失在沟坎草树的尽头。

"寒露无青稻，霜降一齐倒。"除了倾下身等待收割的水稻，黄豆、花生、山芋，还有莲藕、芡实，也都即将分批收获归仓。女人们穿着薄薄的秋衫，胸腹下却兜着个鼓鼓的大围裙，在高坡地里摘最后一茬棉花。那些气力不济半开不开的花桃将会随秆拔回，放场基上晒裂。水淖塘稍的芦苇，向着晚秋的风摇曳着顶梢一片白絮。秋将尽，诸花皆已归隐，只有一串串紫红扁豆花依旧鲜亮地高跃梢头，对着青天，张开一双双想飞的翅。小集镇上，开始有过往的商贩挑着木桶走来，用抑扬顿挫的声音叫卖豆腐乳、糯米藕和甜酒酿。

小孩子会钻到地里，搜寻遗落的甜芦粟。这种甜芦粟又叫甜梯，长相介于甘蔗和芦苇之间，茎秆上也是一节一节的，像梯子档。菜地一角或是水塘边总是要种上一丛两丛芦粟子，有结籽的和不结籽的。结籽的拿棒槌使劲捶下籽粒（这劳什子脱粒极不易），剩下的芦粟头用来扎扫帚；而那种结籽不尽力的，长老后专门当甘蔗啃了吃。甜梯吃太多了，舌头会给剐破，有时连嘴唇也拉出裂口，一吃饭就痛。

霜降

189

其实，鲜甜的糖果也是能吃到的，新屋上梁的人家就有。一阵鞭炮声里，系着红绸布的中梁缓缓吊起，与中柱榫头对接上，敲牢实。随即，望眼欲穿的半稻箩糖果也给吊了上去。一个神情笃定的老木匠大师傅讲过喜庆话，就开始一把一把抓起糖果和一些染得通红的小福禄槌往下撒，边撒边沙哑着嗓门唱："一撒一年好收成，二撒五谷堆满仓。三撒三元又及第，四撒四世同堂住。五撒五子都登科，六撒六畜见风长。七撒七子团圆会，八撒八仙过海洋。九撒久久常来往，十撒千年万担粮！"五颜六色的糖果在蹦跳，底下的人闹嚷着，推搡着，起劲喊多撒些喔，多撒些……老木匠索性脱了灰黑夹衣只穿件小白褂，稳稳骑在屋梁上，就像天女撒花一样，手往哪挥，人就朝哪方向扑去。

在一些深广的大水塘里，"水葫芦"多了起来。它们像极小野鸭，只是衣着有点灰暗，三五只、十来只一起，若即若离地分散在那种大塘的宽敞水面上。伴着尖细的唧唧、唧唧鸣叫，这边一只扎猛子下去，那边一只冒出水面，然后甩甩头，继续在水面晃荡。有时数花了眼，也没弄清它们到底有多少只。一些总爱搞事的毛头小子站在圩堤上跳脚喊："水葫芦不怕丑，上面穿棉袄，下面打光鸟……哦嘘！哦嘘！"那"不怕丑"的"水葫芦"其实很害羞，屁股一撅，躲水底下去了。有时，它们还要受黄狮鳜鱼惊吓。黄狮鳜鱼形似机梭，鳞黄如铜，尖嘴红眼，极显凶悍，扑食小鱼时腾跃扫尾如巨石击水，声震四野！这等凶神恶煞也犯致命失误，扑食发力过猛，一头冲上岸撞个昏死，被人不费事捡回做了下酒菜。

秋尽江南蟹正肥。蟹被喊成"毛蟹"，一对大螯上毛最密，黑乎乎两团，蟹脚上也生毛，所以才不耐秋风吹拂。"秋风响，蟹脚痒"，秋风一起，所有水域

霜 降

里的蟹即刻得了指令，潜河下江急急朝着入海处赶去。霜降将临，得加快行程，憋到这个关头，是它们膏黄最饱胀肥美的时候了。骂人不安分而到处鼓捣和走动的经典俚语"黄胀了"，就是借着螃蟹说事的。

也有不想走的，或是感觉行程已误，就另图打算。有雾的早晨，那些蟹，爬到河道边，爬到稻田里，爬到篱笆下，滋滋滋地喷一摊白沫，不留神脚下就踩到一只。有放鸭的人在河滩过夜，因怕有野物祸害，就把马灯点亮挂在鸭棚上。天要亮时，鸭子呱呱吵得凶，起来一看，栅栏内空地竟密麻麻地爬满了蟹，鸭子给挤到一角，于是就扯开嗓子大声喊人过来捡拾。

入夜，河岸边灯火点点，都是张蟹网的。有一种竹篱，又叫蟹簖，选一处河流，用细竹竿插成弯弯曲曲的迷魂阵，簖口挂一盏诱蟹的马灯，蟹一进去，就找不着北。最后一齐爬进一条窄道中，一次能收捡上百只呢。在浅水河床上筑一小坝，留一两处淌水口，只要守住豁口，拦路劫道，捉的蟹也不少。

蟹乃百味之首，一蟹上桌百味淡。黄菊怒放，天意高远，与一帮朋友喝酒吃蟹，面对滔滔大江，吟诗作文，岂不快哉！有时还要行蟹酒令热身，众人揎袖击掌："一匹蟹啊，八条腿啊，两个大螯夹过来啊……"酒还未入肠，那威风八面的气势就出来了。

"九月团脐十月尖"，是说九月吃母蟹十月吃公蟹。到了寒露霜降，就没这讲究了，都是功成勋满。母蟹螯小，黄多结团，公蟹螯大，黄膏虽少但脂厚。壳一律饱满鼓凸，红莹亮泽，适配的蟹醋端上桌，口欲立马点燃！吃蟹趁热，冷了有味腥。先解决八条腿，次揭盖品尝膏脂，再从中间折断蟹身，按蟹肉纹理横着食之，最后敲开大螯。这样既不烫嘴，又始终保持着温热。早年富贵人家吃蟹用"蟹八件"，分别为银制

霜降

的小玩艺，可以敲劈剪夹。传言有高人，窍肉食尽，其壳拼出整蟹，不按住似能爬走。

稻子被割倒在田里，束束相叠，铺排有序，等待脱粒收归仓廪。犹如曲终人散，秋天最后两场冷雨，差不多把篱笆和草丛中的虫声都给浇灭了。

朔风晓暮，草木凝烟……秋气尽，天转寒，莫忘添衣裳！

雪冬寒
冬雪大
小

立冬

一叶叶 一声声
一雨一重衣

立冬，在 11 月 7 日或 8 日，太阳黄经为 225°。立冬与立春、立夏、立秋合称"四立"，在古代都是有担当的重要节日。

"立"，是建立、开始；"冬"是终了，《说文解字》释为"四时尽也"。冬字下面的两点，表示水凝为冰。《月令七十二候集解》说得更明白："冬，终也，万物收藏也。"秋季作物全部收晒完毕，储藏入库，连虫蚁也藏匿了。冬神称为"玄冥"，《山海经》上说他住在北海一个岛上，长相怪异，人面鸟身，耳挂两条青蛇，脚踩两条会飞的红蛇。这些身份特殊的蛇，是否也需要冬眠？没有人去追根究底。

有一些爱扎蓝帕、黑帕头巾的老太婆，专选在立冬日拔火罐，说是能根治头痛，多是拔在太阳穴上，一边一个暗紫粑粑印，更像是一种装饰。还有人怕受风寒，每每出门前必在头两侧拔出两个小火罐印，先防着。

秋日的天高云淡、朗月清辉渐行渐远，从立春到立冬，不算闰月的话，已然走过了二百八十七天。此后，日照时间将继续缩短，正午太阳高度持续降低。要是降温厉害，会出现初霜。江南的节气再怎样沉浸不舍，也拦不住枫叶、柿叶转红，乌桕树叶子尤其红得耀眼，像点亮的火把。

阳光很亮，明晃晃一片，野草们都努力地结出籽粒，留待下一个春天再绿。仍有几枝小野花，像是季节的落伍者，在几片盈盈绿叶的衬托下，显得玲珑可爱。院墙根下野菊花还在开，路边和沟坎沿下的马兰头花也在开，它们就要走完今生今世所有的路。河水清静，所有的植物上覆盖着白白的霜，菜畦上那些大蒜和青菜叶子上尤为明显。

泥土的脾性厚爱绵绵，播下一瓢种子，就会长成另一个季节里一茬庄稼。"立冬种麦正当时"，还得赶紧移栽油菜苗，补缺补差。此时种蚕豆、豌豆，显然已迟了，老话怎么讲的，叫"立冬种豌豆，一斗还一斗"，霜雪到来时豆苗没长大，抗不住寒的。油菜也是同此道理，"霜打两荚荚，到老都不发"。

立冬模式开启，降雨稍多。有经验的老农，特别看重这一天的天气征象，"立冬晴，一冬晴；立冬雨，一冬雨"……此时水分条件的好坏，与农作物的苗期生长及越冬有着十分密切的关系。为防止冬涝和冰冻危害，要及时清沟排水，不然的话湿地一上冻，就把小苗的细根拔离了地面。

圩区沟塘港汊边蒲草实在太多，有的直接长进了地名里：蒲河、蒲口、蒲桥、蒲村，还有蒲东、蒲西。雨天下不了地，人们就在家里编织蒲草。蒲草从塘里割回来，放蔫了，铺在青石上用大木棰捶，捶软熟，捶皮实。边捶边洒水，捶时使劲出力，嘭嘭声不断，状如擂鼓。捶出了极好韧性的蒲草，可以织成蒲包、蒲席、蒲篮、蒲团，甚至还能织出鞋，在鞋里絮上滑溜溜的芦花，就叫"芦花靴筒"，隆冬里穿上床，一夜到亮脚上都是热乎乎的。酱坊里订购一种只有半个拳头大的小袋，成千上万地订，专门用来包蒲包干子。憨圆浑厚的酱油干子出卤后，勒印出蒲草的织痕，带着蒲草的清香，特别暄软有味。女孩子从小编织蒲草，积点私房钱，到出嫁时就能额外多置嫁妆，锦上添花替自己增光加彩。

立 冬

这个季节，常会有野鸭子龙兵过境一般铺天盖地飞来，歇落在满是枯禾桩的稻田里，啄食那些收获中遗落的稻粒。半里路方圆的一大片稻田，竟像是盖上了一张巨大的麻栗色毡毯。要是田里还有割倒但没来得及脱粒的稻子，一时三刻就被刨啄净光。等到村民们手舞棍棒敲着脸盆铁桶吆喝着冲到跟前时，一场"天灾"已经酿成！

　　野鸭子难对付，挖田鼠洞总是可以的。河滩地里，黄豆和花生早已收完，一片空荡荡，只有田边地头白色的芭茅花和狗尾巴草仍在风中摇曳，在它们脚下，很容易就能找到一些有新鲜爪痕的大洞小窟。田鼠也深谙秋收冬藏之道，它们的洞很讲究，困觉的地方铺着干软豆叶，有专门的茅厕，库房宽敞，上廪大囤里储满冬粮，都是颗粒饱满的黄豆、花生。从一个鼠洞里挖出十几斤甚至一大桶黄豆来，一点不稀奇。这些鼠口夺来的东西，无人敢食，当然都喂了鸡鸭。挖掘田鼠，狗也来趁热闹，偶尔撵出一只灰黄野兔，人喊狗吠，声震四野。到最后，兔子还是逃脱了。

田里枯黄的荸荠禾子，早已被人烧成一圈圈黑烬。"扒荠子"的场面十分壮观，一排人撅着屁股齐头并进，用双手插进烂泥里扒。在他们身后捡漏，很容易摸得一大捧扁圆紫亮的荸荠，在水里洗一洗，不用削皮拿到嘴前就啃，门牙便是刨刀。荸荠圆不溜丢的，以个大红亮、甜脆无渣者为上品。那种老黑的俗称"铜箍菩脐"，煮熟后淀粉多，手一抹，就抹去一圈皮，吃到嘴里十分甜糯滑爽。风干的荸荠缩皱皱的，皮不太好啃，却格外清醇甜脆。有一种荸荠狮子头，就是大肉圆加进剁碎的荸荠，小火焖透后，香鲜脆甜，味蕾瞬间被挑逗。

只有指甲盖那么大的野荠子，是家荸荠的流浪后代，虽然浆水不是淋漓十足，但入口有一股带土腥味的甜润。用铁锹将荒滩上泥土翻开，野荠子一个一个嵌在土块上，露出它们连着根茎的肚脐底部，称作"荠子屁股"。那些铁锈色网络状根茎，正是输送养分的脐带，它们生长的时候是嫩白色的，当野荠子成熟，就变空洞了。

水塘干枯，大人和半大小子就会扛着铁锹到处挖慈姑。谁出力气多谁的收获就多，一般来说，一上午挖满一篮子不成问题。这东西夏天开出一串串小碟子那般黄花，挺在水面的叶子似箭头又像犁尖，要不怎么说"慈姑禾子犁头尖"哩，从来没有人种过，都是野生野长体制外的。挖慈姑时，常能捎带挖到那种清瘦且染着铁锈色的野藕，还能挖到黄鳝、泥鳅什么的，若是刨出了一只砂锅大的肥硕老鳖，一声欢喜的叫喊，引来许多人围观。挖出的慈姑，直抵灶头烟火，烧五花肉最好吃，酥酥的，粉粉的，是那种很有嚼头的、浸透了油香而又带有淡淡苦涩的粉润。

植物从泥土里获取太多太多。春天萌发，夏天达极盛，秋天收获。总要让已卸了盛装的大地之母歇下来休整，接下来的一年，才能有更好的孕育和分娩。从丛簇簇的秋菊，卧于东篱西风下，蕊寒香冷。

立冬夜里，还要酬祭一位年龄及相貌皆不详的女性大神——请"茅厕（si）娘娘"。没有郑重其事的仪式，只在茅屋里点一支红烛，鸡鱼三牲及糕团一概免了，祈愿也十分可笑，竟然是保佑蹲缸不出意外。乡村都是露天茅厕，碎砖或草帘围一个大半人高栅栏，里面"栽"一口半入地下的大缸，缸上横担两根窄板，沿口斜搁一条溜板，人就踩着两根污黑的窄板脸朝外蹲下如厕，所谓"大路上讲话，茅厕里插嘴"，也没见谁话讲多了失足跌落粪缸中大奖。

十月十五下元节，亦多在此间横插进来。下元节是祭拜水官的，月圆之际，太虚清净，总主九江四渎、三河五海的水官神君下到人间，禳灾免邪，解决迫切民生问题，理当设醮祭拜，如朝觐天子。有的地方却故意恶搞，作践正统，反滋狎亵，煮红豆饭为苍蝇饯行。郑重其事地给苍蝇盛一碗红豆饭、倒一杯水供上，恭请苍蝇吃饱喝足之后即刻上路远行，山长水阔，勿再相扰……

太阳像一枚荷包蛋，扣在西天边。清寥的田野上，只有一个个草垛如同哨兵在守望着。

小雪

气射光影透
江南寒色未曾偏

○
●

　　小雪，冬季的第二个节气，也是二十四节气中的第二十个节气。出现在每年的 11 月 22 日或 23 日，太阳视位到达黄经 240°。

　　节气的小雪，并非天气的小雪。短篱茅舍，风神沉郁，立身于二十四节气快要收尾位置上，小雪就是个犹着秋衣的小女子，眉眼深婉，显得格外朴素，洁净，端庄，安分守己。

　　《月令七十二候集解》：“十月中，雨下而为寒气所薄，故凝而为雪。小者未盛之辞。”古籍《群芳谱》也说：“小雪气寒而将雪矣，地寒未甚而雪未大也。”可见，小雪是表示降水形式由雨变雪了，但此时雪量不大，故称小雪。要知道，二十四节气的起源地，在黄河中下游地区。它所有的表述都是远离江南的，但江南十一月底下雪的事例也不是没有发生过。

冬夜天空气象阔大，户外观星，北斗七星的斗柄所指，向北偏西，相当于钟面10点钟方向。而W形仙后座升入高空，代替孤傲的北斗星担当起寻找北极星的坐标任务。四边形的飞马座正移驾到头顶，而冬夜星空标识的猎户座，已在东方地平线探头了。

雪虽少见，霜倒是频频谋面。"鸡声茅店月，人迹板桥霜"，听起来似乎是很久远的事了。这足以说明，霜常现身于晴朗的月夜。夜间无云，地面上如同掀了盖被，留不住热，气温骤降到冰点，近地的水汽就会凝结在溪边、桥面、树叶和土坎上，形成六角形霜花，有的成为细微的冰针。"浓霜猛太阳"，霜只在晴天出现，有风也不行。风大夜无露，阴天夜无霜，就是这个道理。

地面上露水变成严霜，田园静默，远村安详，日照的时间越来越短，黄昏的风中似乎传来母亲的悠长呼唤——天冷了，回屋添衣哦。夜里，孩子们捉到一只背上扎满枯叶实际上只有拳头大的小刺猬，养在挖出的洞窟中，每天喂它一些瓜菜。为了验证大人们说的刺猬咳嗽起来很像老头在咳，就给小刺猬喂浓盐水，听到小刺猬被齁得连续咳嗽的时候，众人一齐大笑。后来，就在傍晚时把小刺猬带到原先那处墙根下放了。

牛重又给拴进牛栏屋里吃稻草，天气好，把它牵出来饮水，系在外面树桩上晒晒太阳，让它半躺着，懒洋洋地咧嘴倒草。这时，可以趁机拿一把梳子给它梳毛，除掉脏物，捉掉牛虱子，这东西专门吸牛的血，把肚子吸得圆滚滚的。牛每逢这时候特别听话，现出非常温顺舒服的样子。

小雪前后，早上会有雾，东一团西一团的，村子都在雾中，藏一半，露一半。冬小麦已经出苗，纤纤细细，怯怯闪闪……还有撒过红花草籽的田里也氤氲一层淡绿，小小的叶芽，挂满晶莹的霜露。这是秋天收获后，大地上生出的新绿。油菜田里则是稀朗的柔绿，这些小苗因为叶面较大，遇到严寒易发生冻害，故要及时浇上水粪，施上土杂肥、塘泥肥，培土壅根，提高抗寒力。

地上的枯叶被风吹得打旋旋，在地坎边堆成团。柿子树叶最早落尽，枝梢头高悬的几个残留的红柿子特别耀眼，像小灯笼，也没有鸟雀来光顾它们。因为许多鸟都飞走了，而灰椋鸟的南下大部队恐怕才从北方那边起身。

到了这个时候，皖南泾县和芜湖周边一带要腌香菜了。一种叫高杆白的大白菜砍倒晒蔫，洗好，切成寸长细丝，摊放在竹凉床或篾席、床单上晒上两三个太阳。然后，放盆里搓揉，挤出"汗"汁，撒入辣椒粉、五香粉、黑芝麻、盐，拌匀，装进坛罐，压紧实，捣烂蒜泥封口，再用干荷叶蒙扎坛口，外敷湿黄泥，存放于阴凉干燥处等待回味。

腌透的香菜，青中有黄亮光泽，淋上小磨麻油，吃起来韧而带脆，香中有辣，又有嚼劲，早餐配稀饭尤好。最常见是用来吃早茶，撕几块茶干，搭一小碟香菜，配上点腌红辣椒片，百吃不厌，待客亦不俗。就算吃正餐，同几碗小荤小素摆一起，亦清爽宜人。

芥菜、白菜也是在这个时候腌。阳光是那样好，你随便走到哪里，大河旁、小溪头、水塘边，洗菜的人蹲在用自家的门板搭成的水跳上，拿着菜在清澈的水里漂洗。水边的地上铺着干净的稻草或拉起绳索用来晒菜，也有用竹凉床晾菜，女人脱下的五颜六色衣裳，就晒在旁边草地上，到处回响着她们清亮的说笑声。芥菜是在大盆里切碎，放盐揉透，装进吸水坛。白菜是整棵地放进一口埋入地下半截的大缸里腌，铺一层青菜，撒一层盐，赤脚站上面踩实。一层层码，一层层转圈子踩，一直踩到齐缸口，人跳出来，抬一块大石头重重压上。脚汗重、脚上气味大的人，唯在此际最受欢迎，总是被张家请去、李家拉走。臭脚踩菜最入味，这点诀窍谁都懂。当然，臭脚汗也不是白出的，通常在踩完菜后有满满一大碗荷包蛋下挂面作为犒劳。

酱油豆子也是这个时候制作。将黄豆泡胀，煮至七成熟，倒入竹簸箕里摊平，让其发酵起涎。一星期左右，完成静修之旅的豆子长满白毛，谓之"出白花"。稍晒一下，是"出胎气"。然后搓搓捏捏拌上细盐、米酒、姜末、红辣椒干装坛，用干荷叶和湿泥封严坛口，置阴凉处。半月后开坛，豆粒淡黄饱满，黏稠有丝，酵香扑鼻。用于烧肉煮鱼，特别能除腥、增味。早春时蒸腊肉和千张，让人最不能忘怀的，是铺在上面的那一层酱油豆子——刚端出锅，晕黄的豆粒泛着油亮光泽，枕着肥白瘦红的腊肉和纯美的千张，真是爽心

小雪

悦目，除了耐看，还是耐看！

晴朗无风时，常有温暖的小阳春天气出现，不仅十分舒适怡人，对过冬作物生长也非常有利。有些桃、李、杏等果树甚至懵懵懂懂开出花来，还有不知从哪来的蜜蜂绕着花飞舞，几声鸟鸣也是不着调调，这都是受蒙蔽得错了讯息。

天气很快就要转阴。傍晚时，村口沟头落叶将尽的大树枝上，常立着那么一只似生铁浇铸的白颈子老鸹。有人走近，会从头顶上方冷不丁发出"哇！哇——"阴森的叫声，让你背上惊出一片冷汗。

大雪

铅云积 远树稀
风吹旷宇鸟影稀

○
●

12月7日前后大雪，太阳的黄经上视位到达255°，也是干支历亥月结束以及子月起始。

大雪和小雪、雨水、谷雨一样，都是直接反映降水的节气。《月令七十二候集解》："大雪，十一月节，至此而雪盛也。"天气更冷，西北风开始成为常客，降雪的可能性比小雪时大了，就算是江南，降一场瑞雪也不会太远啦！

12月是多雾的月份，"十雾九晴"，与露跟霜一样，雾通常也是出现在无云的夜间或少云的清晨，到午前消散。虽说午后阳光温暖，但只要西北风一刮，太阳就隐去，到傍晚，真的下雪啦，雨中飘雪，雪中裹雨，称为雨夹雪。此时阴气上升，阳气下沉，而致天地不通、阴阳不交，万物失去生机而转入严冬。

天低草黄，花枯树秃，季节很显苍凉，透出难以排解的滞重与阻塞。小麦、油菜已停止生长，原本绿嫩的叶子，有的尖梢发黄，有的嗒然下垂。抓住晴天，把攒在棚屋里的灰粪送进大田，稀稀松松地抛撒在叶面和根脚下，并浇上最后一遍粪水，为它们安全越冬和来年春天生长打好基础。还要加紧进行积肥、造肥、修仓、粮食保管等，农事活动仍然不能放松。

一些农具该修理的修理，该添置的添置；破了的稻箩、晒箕要补，磨损的挑绳也要换新的。找些弯度合适的桑、榆、槐、枣树材，砍下锯倒，做成牛轭头、犁辕、犁箭和被喊作"犁拐子"的犁托，还有耙框和耖架。不管新做的还是用旧了的，都要上一遍桐油，犁铧耙齿连同薅草、踏田的刮子头则要抹上菜油才不上锈，挂到墙壁或悬上屋梁，全都散发着幽幽光泽。

大雪

217

冬天里风一波波袭来，香樟树还有苦楝子树上一簇簇果实变黑、变黄、变软了，乌桕树上叶子落光，只剩一束束裹着白腊的炸裂状桕籽挂在枝上。蜡嘴雀和灰椋鸟由北方大阵大阵地飞来，它们带侉腔的叫声，如同劈柴，干燥，紧凑而硬朗。这些讲外乡话的雀雀，喜欢过集体生活，结伙觅食，有难同当，有福同享。当它们吃够了黑的白的果实，不飞远，就近找棵更高的大树，在顶端歇息，要是背对着风，它们的衣羽就会给吹得一旋一旋的。

这个时候杀年猪了。芜湖、南京这边老话，叫"小雪腌菜，大雪腌肉"。养了一年多的肥猪从圈里拖了出来，村头村尾，嚎叫声此起彼伏，宁静的乡村一下子变得热闹非凡。那些都是大耳短嘴、塌背大肚子的江南圩猪，干柴烈火烧出的两大锅滚水已热气腾腾倒入杀猪桶等候待用，长长的木梯也架好在屋檐下。刮尽毛的黑猪变成白猪，挂到梯子档上开膛剖肚了，内脏——掏出，一只猪尿脬割下来，立刻就被一群孩子抢了去，吹足气当球踢了。那些忘了之前受过惊吓的狗，此刻又都凑过来，跟在孩子们后面又跑又跳，浑身透出一股兴奋劲儿。

"杀猪饭"是许多人向往的，除了杀猪师傅，左邻右舍和村里长老以及不远不近亲戚也都请了来。大块肥瘦相当的肋条肉和豆腐烩在一起，豆腐已烧出许多细孔，油汪汪的，一看就知极能杀馋。白萝卜炖猪心肺、粉蒸肉、肉烧粉丝，还有血晃烧青蒜，都是盛在大砂钵里，光是闻那四溢的香味，就让人口水瞬间乱了方寸！酒装在带嘴子的大陶壶里，也足够你喝个七荤八素了。

那个给彻底净了脸、眯着一对小眼似要与世道人心叫板的"猪头三"，先在屋檐下吊上一天，最后拆去全部骨头，抹上炒香的花椒和盐粒放入缸钵里，同砍成条块的腿肉和肋条肉还有舌根（又叫口条）、尾

大雪

巴根（雅称节节香）混一起，压实腌上半月左右，就可捞起来穿上细绳挂到阳光下，直到晒成深红油亮，才算真正入了味。

糯米饭也可以筹谋了。用一个齐腰深木桶蒸笼蒸出来，掀倒在大晒箕里，划拨开来，每天放外面晒。直到晒成一粒粒"铁子"（也叫阴米），留待过年时用黑砂烫得白白胖胖，做炒米糖、做欢团。接着是磨糯米做团子、做米面。把潮粉揪成一坨坨的，搓圆了放到木屉里蒸熟，冷却后用水"养"起来，可以吃到来年清明节。若这些团子是经雕花专用模子拓出来，并用竹筷点上洋红色的梅花图形，就是看上去很讨喜的馈赠礼品了，点三个点的叫"三星高照"，点五个点的叫"五福临门"。做米面程序要复杂一些，把发酵的米浆舀进一个长方形平底铁皮盒里，刚刚将盒底遮满，放沸水锅里蒸凝成形，待不粘手即可出笼。拿根薄竹片沿铁盒四周快速一划，提住一角轻轻揭下来搭在竹篙上晾干，叠成筒状用刀切成晶莹透亮的细条，放太阳下晒卷了就行。

厨房里热气腾腾，氤氲着浓浓的米香，人进人出，舀米浆的，把铁皮范盒子的，划皮子的，专门揭皮子的，乃至灶下烧火的，众人各司其职。兴奋异常的孩子们跑来钻去，只为能捞到入口的东西，即使挤翻撞倒了什么，也不会招来大人的申斥喝骂。

这样天气里，极适合摸鱼了。摸鱼有两种，最常见是带一张卡子盆的，摸鱼人身穿棉背心，光裸两只冻得通红的胳膊，趴在盆里，在浅水处或是树根下摸来摸去，摸上来一些鲫鱼、鲇鱼、痴呆子鱼。还有一种，赤身露体直接下到水底摸，几乎是拿命相搏了。下水前，先在岸边烧一堆火暖身，同时还要喝上几口烈性酒，待体内燥热，持一把细竹竿下水。在水底用力踩出一行深坑，俗称"放脚坑"，并一一插下竹竿为记。鱼因避寒，躲入坑内。两天后，摸鱼的人再来，仍照前法下水，手里的细竹换成了一杆短柄鱼叉，以脚探坑，有鱼即以叉戳起。此法多捕大鲫鱼、鳜鱼、鲤鱼。

其实这些水塘过不到几日，便要车干挑塘泥了。水塘车干，鱼捉净，藕挖完，就要直取塘泥。塘泥深且乌黑，散发出一股沉郁的沤臭气息，像切豆腐一样一锹锹端到筐里，挑往大田中心，偶尔能捡到一声不吭深藏在黑泥里的黑鱼和痴呆子鱼。塘泥越挑越往塘中心去，有时需要搭起几截木跳板。而一些小塘，车干逮完鱼后，用插锹直接将黑泥一人传一人戽进岸边田沟里。塘拐角里的淤泥，会被人捡剩就近戽到菜地里。翌年，韭菜、茄子、辣椒、丝瓜、豆角长得特别碧翠，吃都吃不完。

傍晚时分，麻雀、八哥、喜鹊们，常聚拢高树上，噪着晚晴。直到暮色四合，才渐渐归于平静，剩下晚霞在夜幕的边沿静静地燃烧。

冬至

临窗数九
一夜冬花入梦萦

○
●

冬至开始叙事，在 12 月 22 日前后，太阳的黄经到达 270°。在户外立根竹竿，正中午影子最长时，便是冬至到来。

《吕氏春秋》说"冬至"是"日行远道"，就是太阳离我们最远的意思。冬至日是全年白昼最短的一天，短到什么程度？下午 5 点钟不到，太阳就落山了。

冬至日和夏至日刚好反拧，一个白昼最长，一个白昼最短，又全是到此转身，此消彼长。在农谚里，这两个特别的日子都要吃面，"吃了夏至面，一天短一线"，"吃了冬至面，一天长一线"。

线怎么能用来量一天时日的长短呢？过去女人纳鞋底，一天早断黑一截日影，就少纳一根麻线；对于绣女来说，这也是关系到每天会少绣或多绣一根花线。事实是，以日影为准，每天长一线，也就多长出那么一点点光阴移位……具体说吧，太阳每天晚落山40多秒，加上早上太阳早出的时间，平均每天增长白昼时间约为90秒以上。

早先，冬至日身份显赫，这一天在农历历算起点，相当于西历年的元旦。农历干支纪月，冬至月份为子月，领一年之先。到太初改历，方才以立春所在寅月为年首，寅月一般都与农历正月吻合，但也有阴错阳差的。

在农历里，干支纪年似比纪月更为深入人心。"甲乙丙丁"配"子丑寅卯"，十个天干经过六个循环，十二个地支经过五个循环，重又回到第一个天干和第一个地支组合，一转下来正好六十年，所谓"六十年一个花甲子"。民间流传一副绝对，说是王安石给苏东坡出的下联："一岁二春双八月，人间两度春秋。"那年闰八月，而且一年两头都有立春，机关巧设，苏大学士一下子给绊倒，吭哧不上来。倒是一位六秩老者脑筋还算活络，联想到自己年庚，心智大开，很容易就将上联对出："六旬花甲再周天，世上重逢甲子。"

冬至大似年，《汉书》中说："冬至阳气起，君道长，故贺。"世人认为，冬至是上天赐福的一个吉日，故互相拜贺、宴请，喜气洋洋，比过大年还热闹……《易经》又总是能把所有事都拿到阴阳锅里炖煮，说冬至这天由于白昼最短、黑夜最长，所以阳气始发，如同薪火，自然需要一番呵护和补给。另一方面，由于这天阴气最盛，故而也是祭奠祖先的日子。唐宋时，冬至又升级，添加了与皇权相关的祭天内容。

这一天，皇帝命人在郊外摆好供品和乐器，亲自出席，举行祭天大典。民间草民百姓，要向父母尊长叩拜，流程有条不紊，仪式感也很足。延至今日，冬至重归祭祖一路，焚香烛，烧冥纸，火光摇闪，纸灰飘飞，顺道沾先人的福，摆酒请客润一润肚肠。

老农常以冬至日来到的先后预测往后的天气："冬至在月头，要冷在年底；冬至在月尾，要冷在正月；冬至在月中，无雪也没霜。"还有"邋遢冬至干净年"，希望冬至前后下一阵子雨雪，这样，到年边上就能赚进一连串响晴天。不管如何，到此北风吹雪的关口，棉袄棉裤棉鞋等过冬衣物都上了身。有一种老少咸宜的"猴套头"灰黑线帽，又称"马虎帽"，平时卷起戴头上，天冷外出，往下一拉连鼻子带嘴全捂住，只露两眼眨动，亦为早年匪人劫道绑票标志性装束。

草木凋零，田野清冷，此时正是农事暂休万物养精蓄力，以为来年开春做准备的时节。唯菜园里仍一片青葱鲜活，冻不死的蒜，干不死的葱，小葱其实更耐冻，菠菜、芫荽也是耐冻的寒菜。"霜打白菜赛羊肉"，白菜品种有矮脚青、过冬白、春不老，而一畦黄心菜，就是一朵朵开得明灿灿的黄花。冬至前将芹菜浇足粪肥，以细土壅覆，到年边取芽，美白脆嫩无比。

"冰冻响，萝卜长"，从冻土里扒出来的"南京大萝卜"，深具甜、辣、脆禀性而声名远播。切成滚刀块与肋条肉同烩，或是加上腌白菜放炭炉子锅里"咕嘟咕嘟"响着笃（炖）透，吸满油脂和汤汁，趁烫夹起，一口爆浆！若是对半切成锯齿状薄片，用棉线串起来挂通风朝阳处晾干晒软，置于罐中，拌入白砂糖，加醋泡数日，和糖醋姜一样，都是早晨佐茶佳品。只因生姜萝卜皆开胃通气，一个上午都被吊得精神爽爽的。有乡谚为证，"朝吃生姜夜吃卜，郎中先生不用摸"，意思是你天天吃姜嚼萝卜，毛病不生，医生没事干，就打烊歇业啦。

因为《易经》十二辟卦之导向，民间很是信服冬至进补。"三九进补，开春打虎"，驱寒、养肾、养藏，顺应体内阳气的潜升，以敛阳护阴，即所谓"天人相应"。除了膏方外，具有代表性的食补首推猪肚鸡，将鸡洗净斩块加盐、姜、烧酒调味后纳入猪肚，以线扎紧，慢火煨酥软，天寒地冻之时，一家人围聚而食，好不快活哉。十全炖鸭是在当归、黄芪、枸杞十全大补汤底子上煨出来的，若鸭肚子里塞进冬虫夏草，就是虫草鸭了。不以贵贱论英雄，有时，一把粳米，一条黑鳞大鲫鱼，也有疏通经络、调和气血的化外之力。牛羊肉乃至狗肉，皆作暖之物，食之驱寒，既杀馋虫又能大补。

吃赤豆糯米饭是代代相传的习俗。据说，共工氏

冬至

的儿子作恶多端，冬至日死后变身疫鬼，继续祸害百姓。但这疫鬼有心理问题，惧怕红颜色赤豆。于是，人们就在冬至日大煮赤豆饭，你怕什么我偏就来什么。吃汤圆则是寓意"团圆""圆满"，前人有诗"家家捣米做汤圆，知是明朝冬至天"。汤圆又叫"冬至团"，后来其中一路，则发展成为有芝麻豆沙或是咸菜肉丁馅的垫了箬叶的"冬至粑粑"，用蒸屉蒸熟，冷却后码入篮子里吊起来，慢慢享用。南方人也吃饺子，"冬至不端饺子碗，冻掉耳朵没人管"。有一种面粉小炸，形如耳，就叫"猫耳朵"，说是吃了耳朵不生冻疮。

宣城敬亭山下，有冬至洗锅澡的习俗。一间小屋，里面砌有大灶台，架一口超大铁锅，烧火的灶洞口在墙的另一边。灶台不高，顺着台阶往上走两步就下到锅里了……这种特制大锅非常浑厚结实，别说坐进去没问题，就是站里面蹦跳踢踏，恐怕也奈何不了这个铁家伙。锅底有一个小凳,可以坐上面慢慢享受,不必担心给煮熟了。水快淹到脖子,蒸汽在头顶弥漫,屋里热乎乎的腾云驾雾一样,原来洗锅澡确实是桩周身通泰的惬意事!

　　冬至是"数九"第一天,每九天为一个"九",从冬至"进九"到来年春分"出九",八十一天共有九个"九"。这就是一代又一代传诵的《九九歌》:"一九二九不出手,三九四九冰上走,五九六九沿河插柳,七九杏花开,八九燕归来。"也有稍不同版本,一韵到底,后几句为"七九河开,八九雁来,九九加一九,耕牛遍地走"。形象地记录了气候、物候脸谱变化,同时也道出了农事活动的固有规律。

　　户外玩乐少多了,猫在家中无味,一些拿过纸笔的小孩,特别是静修女童,便按大人指点填画《九九消寒图》。先画出枝上梅花十数朵,共八十一瓣,自

冬　至
————
231

冬至日起，以红笔日染一瓣，待到全部染红，则九九尽，春天临。梅可自己画，不会画也不打紧，杂货店里就有刻印好梅花图售卖。最简单的一种，是画出纵横九栏格子，每格中间再画一个圆圈，称作画铜钱。共有八十一钱，每日涂一钱，如果是晴天，就涂填下面一半，阴天涂填上面，刮风涂填左边，下雨涂填右边，雪天就涂填中间。歌谣唱得好："上阴下晴雪当中，左风右雨要分清，九九八十一全涂尽，春回大地草青青。"这是非常有趣的冬天日历，除了记日子，还能记下天气，记下心情。

冬日水枯，水渠、塘坝、斗门涵闸渗漏处要修补，有的要挑高加固，大小水道也要疏浚清淤。最大的事当属挑圩埂，一个村子划定一段埂。一大早，人们便肩着锹担出发。太阳升起丈把高，长长望不到尽头的河堤上下，已是一片黑压压的人潮了。挑上来的土都加固在内坡，取土挖出的塘叫土方塘，埂年年挑，土方塘年年长……埂有多长，土方塘就延伸多长。土方塘里长满鱼虾，莲菱、芡茨应时而出，好在它们一律都不追根究底寻求来龙去脉。

冬天的乡村，太阳格外迷人。吃过早饭，女人们搬个凳子坐在相互紧挨的屋墙根下，一边照看站在火桶里的幼儿，一边纳着鞋底；上了年岁的老人拎了个烘手的火罐或是铜手炉，抽着烟讲着闲话。这样的地方总是容易聚拢人，晒太阳的，端碗吃饭的，做手工活的，男女老少都有。

有着飞檐和翘角的高大老屋外墙边，人气最旺，那是教灯排戏的好场地。教灯的师傅称作"灯师"。"灯师"一个眼神一个手势，比说话都管用，扎灯、演练、祭灯、出灯，各项派活，乃至联络交往诸多事宜，都要听他指派。锯木、剖竹，刨出一块块光净的板，扎成一个个圆的竹筒，饰以各色花纸，以龙须、龙眼、龙角最好看。所有这些活计，包括演练，都在晴暖的冬阳下进行，年关近了，得加快进程。

毛头小子们自不会闲着，几对斗鸡的，两手抱腿单脚跳着攻向对方，人高马大的未必就能斗倒瘦小的，这还要讲究一个四两拨千斤的巧劲。忽然一声啸呼，一大帮子人跑到另一处墙根下，后背贴墙一字摆开，从两头使劲向中间挤，边挤边喊："挤啊挤……挤油渣子炸炒米！"中间的人被挤出来，挤出来的人又跑向两头接着挤。就这样你挤我，我挤你，你挤我扛中，脑袋上浸出汗珠，身上的棉衣都脱掉了。

忽然有人从不远处草堆里撵出一只土灰色野兔，大家一个呼哨冲上去追赶。野兔极是灵巧，一会儿东，一会儿西，每次快要撵上时，它就一个加速跳跃着跑开。大家累得汗流浃背，大口喘气，只能眼睁睁看着野兔跑得像支离弦的箭，消失在滩地枯草尽头。于是就在塘湾边跑冻，十多人挽着臂，嘴里喊"跑冻拉手，不许回头"，一齐踩着冰往塘中心走，谁也不做胆小鬼。冰面嘎嘎吱吱裂响，能感觉到脚下有明显的弹动起伏……到最危险关头，不知谁发一声喊，众人才掉头猛往回狂奔。有人摔倒滑出好远，爬起来又跑，跑着又摔倒。

太阳倒了阴，冷风飕飕，那些墙根下早已没了人影。冬天的黄昏来得早，袅袅炊烟，飘送出饭熟菜香的味道。猪崽们在紧邻正屋的披厦屋里叫着，极力渲染自己的饥饿，向主人索取饭食。晚霞送出炫幻的光芒，将村庄紧紧地拥裹，鸟儿急急朝着萧瑟的林子里飞，能听得到水塘里冰冻冻裂的声音。

天快黑时，有人在烧茭瓜塘。要是有一丛干枯的叶烧漏脱，来年秋天结出的茭瓜就成黑粉包。四野冥暮中，野火熊熊，映照着孩子们欢呼雀跃的身影。

晚上睡得早。临睡前，灌个汤婆子焐进被窝，寒冷冬夜里，暖一枕好梦到天明。但对孩子来说，白天玩累了，疯够了，夜里睡得太沉，稍有不慎，就要在被窝里"跑龙船"，成了赖尿鬼。

小寒

野兴疏 冬寥落
炉前沉醉酒一壶

小寒，太阳运行到黄经285°，时在1月6日前后。夜观天象，北斗七星柄梢指向戊位。

《月令七十二候集解》："月初寒尚小……月半则大矣。"冷气因积久而寒，由于小寒还处于"二九"的最后几天里，大冷未达极点，故依序称为小寒。

事实上，两个节气都冷极。"小寒大寒，冷成一团"，分为大小，除表明不同的寒冷程度，还因为凛冬的小、大寒正可与炎夏的小、大暑的排名相对应。

气温的高低，与太阳光的直射、斜射有关，直射时地面接受的光热多，斜射时就少。其次，斜射的光线通过空气层的路程要长，光热消耗散失多，到达地面的就少了。太阳最斜射的一天，是冬至，但最低温却出现在冬至后小寒和大寒间。这主要是因为白天接受的热量顶不住夜间的散失，但深土里还有一些积蓄的热量可以向上散发，直到十多天后才陆续散完，所以小寒才是全年最冷的时候。

风树萧萧，天色青暝隐隐欲雪时，就有大阵的"雪老鸹"过境了。先望见天边有一片奔掩而来的黑云，那黑云的边角时而伸张，时而收拢变形，仿佛受着一种神秘力量驱使……及至头顶，阵里传出宛如万马奔腾一般的汹汹声浪。成千上万的"雪老鸹"，从头顶飞了好长时，就像江河水一样，源源不尽。直到最后，总有那么十来只、两三只掉队的，"哇——！哇——"

唳鸣着，落魄而又奋力地追赶前面的大部队。叫人想不通的是，哪怕所有乡村的老鸹都聚到一起，也形成不了这么大的阵势呵！

小寒到来，有的人家会吃一顿菜饭，这也是从老祖宗那里传下来的应景之食。从墙上取下刚晒好的腊肉和板鸭，斩成丁，再剁些生姜米，拌上糯米一股脑儿倒进锅里熬煮。煮到浓香四溢，到菜地里砍来黄心菜洗净切碎搁进去。这菜饭，一人不吃两三碗收不住筷子。身上热乎起来，寒冷似乎消退了许多。

大树的叶已落尽，平常隐藏在浓密枝叶间的鸟巢一览无遗。西北风刮过光秃的枝条，带哨子般呜呜叫，让人不自觉地将头和手往衣服里面缩。天寒地冻，滴水成冰，晚上洗过脸的湿毛巾，第二天早上冻得铁硬。水缸里也常常结冰，舀水做饭，常常要拿锅铲把子或是洗衣的槌棒敲冰。冻得红肿的手和耳朵，钻进热被窝一焐，又痒又痛。

晨起推开门，雪花纷纷扬扬，满世界都是冰雕玉砌。"雪盖三层被，枕着馍馍睡"，积雪冻死害虫，又可保住根茎层温度不会降太低，为农作物创造了较好的越冬环境。积雪融化增加土壤水分含量，另外，雪水还有一定的肥田作用。对于农家来说，下雪好，越大越好，瑞雪兆丰年！

古人相信，花开之前，会有风来报信。《吕氏春秋》上说："风不信，则其花不成。"风是守信用的，到时必来，所以叫花信风。花信风从小寒开始吹，有二十四番。小寒到谷雨，四个月，八个节气，二十四候。每候对应着一番花信风。小寒有三候，一候梅花，二候山茶，三候水仙，都是受人喜爱好评如潮的花。

红梅还在打苞，蜡梅这便给"候"着了的是蜡梅。背阴墙脚一两丛枝条散乱的矮树，平日里一点不起眼，到这时突然就得了灵气，光枝上绽满娇小润洁的金色花瓣。然而，蜡梅非梅，梅是乔木，蜡梅是灌木，花瓣似蜡，故能抢在腊月里凌寒绽放，故也喊作"腊梅"。有一种九英蜡梅，又喊作"狗牙蜡梅"，名称欠雅，却也蕾若小铃，花似金钟，一朵朵一树树繁盛地开，成为母亲和姐姐们的最爱。它们被从墙角、篱边或是菜园那头的水塘旁采了来，插在老式花瓶里，插在水杯里、酒瓶子里甚至是泥墙上的缝隙里……因为这一枝枝一簇簇润黄而饱满的蜡样花，贫寒而温馨的家园，便弥漫着幽幽清香。

　　原野上已是白茫茫一片，雪地里，一行深深的脚印一直延伸到远处村口的石桥上。石桥那端，一树蜡梅的丛枝上缀满繁花，阳光灿烂，地面无风，河水已断流，几缕炊烟正袅袅升起……这个时候，带了狗到河沿沟坎下撵那些眼睛被耀花了的野兔和野鸡，附带还有慌不择路的狗獾和黄鼠狼什么的。撵的和被撵的都无法跑快，人喊狗叫，好不刺激热闹！

"小寒忙买办，大寒要过年"，趁着天晴，把过年要用的东西买回来。出行要起早，得"赶冻"走，太阳出来气温逐渐上升，化雪了化冻了，路面就泥泞不堪。但也有阴冷天罩得紧，整日不得化冻。就有卖碗盏酒壶等一应瓷器窑货的来了，远远地，一辆独轮车嘎吱嘎吱而行，缸缸钵钵、坛坛罐罐堆得老高，几乎看不清后面推车的人。

修锁配钥匙的来了，补锅焊锡的来了，弹花匠来了，补伞人担子一头插着几把旧伞骨子做招牌，修个伞柄、换个跳蚂子立等可取……磨剪子铲刀的通常是一个很瘦小的老人，戴一副看不出颜色的帆布坎肩，扛一张同样年事已高骨瘦如柴的矮条凳，挂上不几样简陋家什，一声声喊着"磨——刀来——""磨——刀来——"，嗓音干涩而苍凉。当他接到一把钝了锋刃或是反了口的剪子，就骑坐到矮条凳上，用缠绕着布条的小棒从绑在凳腿上浑浊的水罐里蘸了水，分别淋在刀和磨刀石上。接着，就一手握刀柄，一手把刀刃摁在磨刀石上，前倾身一下一下磨起来。旁边，总是有许多围观的小孩。

新年前，一家老小要添置新衣，就把裁缝请到家里，连他的脚踩机器也挑来了。裁缝多是师徒俩，随身带一个厚厚毛毡布针线包，上面别着各式各样的针，裹着一把剪刀和一支竹尺，还有一个烧炭的生铁熨斗。

剃头匠也夹着包裹来了，挨家挨户理发，让每个人变得干净利索。不管是什么师傅上门，主妇都要"烧茶"待客，先炒熟一点腊肉或者下一只鸡胗子，再煎两个喷香的荷包蛋，然后将煮得很有筋骨的挂面盘绕其间，这份热气腾腾俗称"三层楼"的大蓝花碗"茶"食，被笑吟吟端上桌，请师傅先"喝口茶"，垫个底，免得饿了肚子。

天冷得厉害，小鸟们显得有些可怜，要么缩在檐角避风，要么站在枝头发呆，全然失去往日的活泼劲……但是，只要太阳一露脸，它们就会飞跃着暖身，彻底忘了尘世的风雪和沧桑。

"腊七腊八，腌鱼腌鸭。"那些大小水塘都被车干，活蹦乱跳的各色鱼虾连泥带水齐给捉进箩筐里。鲤鱼、草鱼、青鱼等大鳞鱼被选了出来，剖开厚背，除去内脏洗净，投入大钵里腌起来。腊月上中旬那段晴好日子里，鱼鸭及香肠早腌透了，油汪汪地晾在屋墙外享受着温和的阳光。

村外大路那头弯弯的圩埂上走着长长一队人，抬着箱笼，吹吹打打……抬着挑着的都是陪嫁物品，除了惹眼的箱笼和大红绸缎被子外，还有盆啊桶啊梳妆镜什么的，一路招徕人观看。走在中间的红衣女子，便是新娘，后面跟着许多奔跑着抢喜糖的小孩。

大寒

瑞景已兆来年足

总难忘 歌不歇

大寒是最后一个节气，在 1 月 20 日或 21 日到来，太阳到达黄经 300°。

《授时通考·天时》引《三礼义宗》书中语："大寒为中者，上形于小寒，故谓之大……寒气之逆极，故谓大寒。"艰苦的三九已到来，大寒理应比小寒冷。但实际上此时已近春天，所以倒不见得就冷过小寒。

岁月的尽头，风雪的深处，大寒与岁末重合。农历十二月又叫腊月、丑月，"子丑寅卯"，十二地支对应十二月。"子鼠丑牛，寅虎卯兔"，每个地支又对应一个生肖物，人们便将户头牛配予大寒。《太平御览》上说，十二月要用泥土做成六头土牛，送到都城或郡县城外，表示把大寒送上路了。大寒到了末期，天气日见变暖。再坚硬的冰，也封锁不住春水涌动的希望，过不了若干日，这些"牛"就会重新归来，在迎春仪式上代表将要耕作的土地，接受彩杖或彩鞭的轻轻敲打和祈祝。

"大寒不寒，全年遭殃"，对于农作物来说，要过点苦日子，越冷越好，这叫"挫苗"或"墩苗"，就是压着不往高里长。碰上高调的暖冬不是好事，过早播种的小麦、油菜往往长势太旺，提前拔节、抽薹，抗寒能力反而大减，若碰上逆袭过来的"倒春寒"，极易中招受灾。

塘里的冰结得又厚又坚实，年味越来越浓。腊月

大寒

二十边上做糖，做豆腐，做糯团。哪家厨房宽敞，灶头大，就聚齐到哪家来做。外面雪花飘飘，屋子里却灶火红红，热气腾腾，笑语漾漾。看着做欢团最有趣，就是把炒米与糖稀炒拌混合后，装入一种大型酒杯压成球形粗坯，再用两块剖开的毛竹来回搓拉，最后形成了一个个光滑溜圆的欢团。过年待客，或亲戚送节时作为回礼，意味着欢欢喜喜、团团圆圆。只是这欢团圆不溜丢的，刚入嘴时不太好啃，特别是丢了大门牙的小孩子真有点为难。

做糯团又是一法，将蒸熟的糯米粉倒进大钵子里，持木棍一气猛搅，直至不结块为止。然后掀倒在撒了一层薄薄生面粉的案板上，由专人扯成一坨坨扔往案板四处，就如同熟手抛秧，定点着地，星星点点，错落有致。那些婶子大娘和小姑娘先在手掌心里蘸上水或抹好猪油，抓起粉坨压扁，装入芝麻、豆沙或腌菜油渣什么馅料，搓圆，再滚粘案板上一层生粉，一个个码齐在同样撒着生粉的竹笾里。这种糯团黏性大，绵糯香软，热吃凉吃皆可。最好吃的还是枣团，煮一锅干枣，剔尽皮和核，加糖捣成泥，一半留馅，一半揉进糯米粉中，搓成团，垫上箬叶蒸熟，不腻不黏，特别甜糯爽口。

干不上活的小孩子蹿来蹿去，捞到什么吃什么。一锅开屉的蒸糯团刚倒在案板上，就猴急急抓过来往嘴里塞，烫得头直甩，引来一阵哄堂大笑。熬糖稀时，锅里糖水喷细花就用碗舀着喝，撑到后半夜，上下两片眼皮直打架也不肯睡觉。一直要等吃遍炒米糖、豆子糖、芝麻糖和花生糖还有灌心糖等才肯歇。

腊月二十四"过小年"，活动内容有两项：扫

大寒

251

年和祭灶。扫年又称"掸尘"或"扫房",就是搞好清洁卫生,过一个干干净净的年。老话谓"腊月二十四,掸尘扫房屋",民间认为,到了腊月鬼神有的上天,有的下地,如果人们不从身上到屋里翻箱倒柜彻底打扫一下,就会让鬼神有了藏匿之处,所以,必须连同尘埃晦气一并扫光除净。只是活干完后扫帚不能靠墙,而要放倒在地,以求来年养殖发旺,鸡鸭成群。

祭灶,就是送灶王爷升天。晚上要把锅灶擦抹干净,拿小碗盛满五谷和切细的稻草秸,然后用香盏点上油灯恭送灶王爷上路,并在灶头贴上老头的肖像,两边对联是"上天言好事,下界保平安"。用麦芽糖作献品,把嘴给粘起来,是不让灶王爷在上面乱讲话现家丑。但封口归封口,家里的大门一直要留道缝,别关严，等这有点碎嘴的好心肠老头天亮前回家。

接近年边，最后是炸圆子，纯肉圆子少，大多为糯米圆子、藕圆子，还有豆腐果子，这通常是各家各户独立进行。这些日子里，家家油锅翻腾，蒸气缭绕，烟囱从早到晚冒着烟。"腊月二十八，过年洗邋遢。"一家老小洗过澡，趁着天气放晴，女人们赶紧把床上垫的盖的也都洗了，门前竹竿及干净草地上晒满五颜六色衣被。

过年是从"大年三十"开始。一大早把水缸挑满，女人们上水跳洗菜。三十不杀鸡，是习俗禁忌，前一两天鸡都杀好，处理干净吊在檐下。男人把院里院外收拾一番，就拿了红纸去请人写门对子，从"天增岁月人增寿"到"六畜兴旺"，以及满院贴的巴掌大"福"字，大红纸一点没有浪费……连谷仓、晒箕、稻箩、

大寒

水车和鸡笼上都贴着"风调雨顺""五谷丰登""六畜兴旺"的零碎红纸头。因为太忙，午餐一般吃点糖食或粑粑、团子，"打个尖"就行了。

下晚日头偏西，厨房里吃食都忙好。一家之长就领着孩童到野外祭祖，端上摆好鸡肉鱼饭和酒水的筛箕，来到祖坟前，点香放炮，跪拜磕头。同时还要烧上用草纸裁成四寸见方的纸钱，有的人家会用特制模具在上面敲满铜钱印，孤魂野鬼也能享受一堆……做完这些回家，放鞭炮关门吃年饭。

三十晚上年饭锅巴叫"饭根"，铲起来卷好，用细绳系着挂上屋梁。长辈给孩子包过压岁钱，就换上新衣守岁。也有守不到新年来临就上床睡觉的，但睡前必须做一件事，将一块犁尖铁——俗称发铁，在灶膛里烧红，浇上醋，把家中边边拐拐、角角落落熏一遍，往昔的晦气就会在阵阵酸雾中消失干净。

半夜子时一到，迎接新年的爆竹声远远近近响起，一直持续到大天四亮。初一清早开财门，就有穿得上下一新的左邻右居亲朋好友上门，相互说着吉利话。家家桌子上摆着糕点盘子和茶叶蛋，还有欢团和花生、瓜子。茶叶蛋称为"元宝"，来客一般不吃，回称"元宝存着"，穿了光鲜新衣的小孩子则被大人强拉着塞给一对。

正月初一古称"三元"，岁之元、时之元、月之元，是其他任何时节无法代替的，当大庆大祝。外面传来锣鼓声、爆竹声，狮子灯来了，罗汉灯来了，走马灯来了，还有鱼灯、蚌壳灯也来了……接姑爷，请春客，邀朋约伴，看戏赏灯，到底人间乐事多啊！

人们都沉浸在过年的快乐中，只有田里的庄稼寂

大寒

寥而安静地生长着，没有人来打扰它们。一群群的麻雀一如既往地飞过乡村的那些树梢和屋檐，寒风将它们身上的毛一团一团吹得奓了起来。

刚升起的太阳，圆圆的，红红的，像个在水汽里沉浮的鸭蛋黄。季节的笙歌从遥远的天际传来，穿过枝头，在旷野蔓延。

过完大寒，就立春了。风变软，天回暖，又迎来新的一年节气轮回。

四时运转，就是这般首尾相接，无穷无尽。

后 记

感怀乡野，时光荏苒

敲完书稿最后一字，长吁一口气，走到午夜阳台上舒展一下腰背。半轮亏月，正升上幽暗的东方天空。看月形，再回想中秋过去的时日，恍然记起，今宵便是八月二十二，阳历月份则是九月，后面领着同样数字，并在 21∶05 已交秋分。

秋深星微，凉意侵肤，自打年龄染上风霜后，对农历是越发敏感了。

生活在城市里，虽然日历无处不在，报纸、手机、电脑、电视里，每天都有提示，但季节变化、农事更迭的讯息，更多还是通过头顶星月的移位和朔望亏盈以及餐桌上蔬菜递换，而源源不断地获得。

乘车出行的时候，注目乡野，春的雨，夏的风，秋的云，冬的雪……尤能感受季节携着时光荏苒离去。

农历是记载感情的。就像对于前人而言，好日子都扎根在农历里一样，自二月二、三月三数下来，五月五端午节、六月六天贶节、七月七乞巧节、八月十五中秋节、九月九重阳节，最后为除夕三十晚高潮到来……世俗的节日，与月日代码竟然如此和谐重叠。是啊，我们这个年龄的人，早已习惯了把自己的生活节拍与大自然的月圆月缺紧密协调起来。

"春雨惊春清谷天，夏满芒夏暑相连，秋处露秋寒霜降，冬雪雪冬小大寒。"循着一条文化血脉，当我们诵读着这样万世一传的节令口诀，分明感受到一种自然的律动和天地人合一的境界，并让我们想起那些曾经有过的心灵的自由与收获的快乐。

　　眼下，正是采菱季节。江南节气，旧时衣容，李白写过一首《苏台览古》："旧苑荒台杨柳新，菱歌清唱不胜春……"采菱女真的坐在水塘中晃悠悠小盆里唱过歌谣吗？草掩吴宫绣衣远，但是，确有太多腰肢款款的女子，操着清亮的吴侬软语，在江南清澈的流水里渍麻、浣衣。旁边石板小拱桥上，走过扛锄的白发老翁。

　　点点碎阳，袅袅炊烟。传统文化元素，始终是个人情感的根基，伴随着祖祖辈辈农耕群体，还有那些童稚清贞的容貌，由远古走来，直至现在。

　　从白露到霜降，从小雪到大寒；

　　大事小事一天去，春夏秋冬又一年。

　　面对一个个迎面走向我们、又离我们而去的春华秋实的节令，唤醒对田园牧歌的眷恋，讲一讲关于天时、关于大地的故事，就成为很重要的事——我们已失去了太多的旧时景观，尤其是失去了太多独具中国农耕底蕴的文化记忆。

对于我来说，乡野田园不仅是精神的停泊地，更是灵魂的皈依处。月升月落，寒来暑往，伴着草木枯荣轮转，那些分别叫作雨水、惊蛰、春分、小满、芒种和白露、寒露的节气，一直关照着我，以啼鸟的声音在午夜的窗外小声地叫喊，就像亲人一样呼唤我回到童年家中……我常常被这种声音弄得魂不守舍，我必须写出它们！

现在，我终于写出来了，就呈现在这里。